这些年，我吃的都是不懂拒绝的亏

I LOSE

A LOT COZ

I NEVER SAY NO

周维丽

著

北京日报报业集团

同心出版社

每个人都该学会的做人艺术
HOW TO REFUSE OTHERS

-ᗜ- **学会拒绝**：明白如何照顾自己的需要，站在自身发出点去对待别人的不合理要求，避免让自己成为"累无止境"的冤大头。重要的是如何拒绝，怎样在尊重对方合理需求的基础上，来满足自身的要求，表达自己的观点。

-ᗜ- **敢于争取**：要"好意思"争取自己的合法利益，表达自己的合理要求，最大限度地体现自己的价值。本书会告诉你应该以一种什么样的心态、采取哪些行之有效的方法去争取利益，争取机会，展现自己的能力，避免成为"隐形人"。

-ᗜ- **战胜交际恐惧症**：在人际交往中"不好意思"的人，究竟哪里出了问题？恐惧交际的心理根源是什么呢？应该如何战胜藏在心中的那个魔鬼，让自己变得外向开朗和积极融入外面的世界？本书会告诉你答案。

🔆 **提升意志力**：有时候，我们明白如何去做只是第一步，对正确的做法，一定要坚持下去。只有长期坚持，才会取得好的结果。所以，战胜内向心理和"不好意思"习惯的重要一步，就是提升自己的意志力。拥有了坚韧的毅力和对于挫折的耐受力，我们的心理素质才算真正强大了。

🔆 **我的事情我做主**：不要成为别人的傀儡，要让自己成为生活和工作的主人；不要带着依赖症过一辈子，要站起来实现自己的理想，建立自己的模式。当你遇到阻力时，要毫不犹豫地表达自己的观点，保护自己的"主见"。但做到这些不仅需要口号，还需要方法，本书会详细地阐述如何让自己成为事情的主人，而不是奴隶。

🔆 **底线思维**：为自己建立生活和工作中的原则。有原则的人就不会轻易退让，有原则的人就拥有了自己的底线；在关键时刻，就战胜了"不懂拒绝"的心态。

今天起，不再背向世界

何塞现在居住在圣地亚哥，他是我在华盛顿州立大学工作时的一位学生。前不久，他给我发来一封邮件，告诉我他终于找到了一份让自己满意的工作。但他同时又充满苦恼地说：

"我经常因为被人们评价性格温和而感到自豪，也为自己可以擅长让别人高兴而十分愉快。这是一种被别人需要的能力，不是吗？但是实际上，我越来越发现，也许这一特长只能让自己力不从心。我失去了自我，变成了一个只为别人而活、无法表达自我需求的可怜虫；我清醒地意识到必须争取自己的空间，可总是说不出口，也不能果断地付诸行动！"

很显然，这是一个十分普遍的问题，并非是何塞自己遇到的独特烦恼。人们在现实中总会在某些时刻无法拒绝别人的要求——尽管明知这种要求是不合理的，也是自己不想承诺的，但仍然会不由自主地答应下来，然后成为一台意识被支配的机器。在生活和工作中都是如此，我们不好意思拒绝别人，生怕破坏了双方的关系，或者惴惴不安："如果拒绝他，会不会对自己产生不利？"

这种意识就是一种恶性病毒。它会在你的大脑中植入一种顽固的木马程序："不管怎么样，我必须答应他。""拒绝的代价是我不想承受的。""我不想让他们对我失望。"于是，你的自由意志被破坏了，情感能力也慢慢丧失，你没有办法大胆表达自己的观点，去做真正想做的事情。你也感受不到生活的满足、快乐和工作的成就感。

"不好意思"的表现都有什么呢？

（1）你是人们眼中"有求必应"的老好人吗？或者你认为自己在这方面做得十分出色吗？

（2）你总是把别人的需求摆在第一位，无怨无悔地满足他们的要求，以至于经常耽误自己的事情吗？

（3）不管遇到什么事，你习惯于听从别人的意见、命令或服从于他们的意图，但自己的内心又十分别扭，并不情愿这样做？

（4）你在领导眼中是出了名的"听话下属"，不管分配给你什么工作，都从不发牢骚？

（5）你在生活中从不和伴侣吵架，因为你很少跟他（她）发生矛盾，并且完全遵从于伴侣的意志？

如果上面的总结中有一条符合你的情况，就可以断定你是一个"不懂拒绝"的人。你可能有点内向，也可能自尊心太强了，或者是一个爱面子的家伙。有各种性格原因会让我们染上"不懂拒绝"的病毒，但它最后的表现都是一致的——让你习惯性地放弃自己的意志，进而无法维护自身的利益。

加利福尼亚州立大学的德拉格教授是我多年的朋友，他是心理学领域的专家，同时也是许多企业咨询机构的顾问。对于这个问题，他说：

"这大多是由内向思维导致的一种行为现象，他们在工作中不敢当面表达观点，索取合法利益，不敢成为工作的支配者，尽管内心十分渴望；他们在社交领域的表现更为明显，害怕被拒绝，充满了随时会被拒绝的焦虑感；他们强烈地认为任何关系都可能因为一次很小的冲突就中断。所以，他们在工作中束手束脚，无法表现自我；他们在社交中人为制造紧张感，将自己束缚在一个很小的角落中，反而伤害了自己的生活。"

这就像何塞的表现一样。他也许拥有灰色的过去和不尽如人意的生活经验，因此害怕拒绝之后的"冲突";他不好意思去开口拒绝别人，也不好意思尽情展现自己的意志——就像人们自己遇到的各式各样的无法开口的情景那样。于是，他选择成为一名绝不冒险的"好好先生"，毫不设防地答应别人的要求，使自己的世界成为容纳他人意志的舞台。

但是，让自己变得"好意思"起来，结果真的就会很"糟糕"吗？事实上，这不但不会给自己的生活带来麻烦，反而会柳暗花明又一村，充分释放自己的人生潜能。

你将可以使自己拥有充分的可自由支配的时间，这对你胜任工作来说至关重要。

你能够专注于真正重要和你感兴趣的工作，而不是全然由他人为你安排使你倍感烦心的事项。

提高自己的效率，并给他们树立榜样。

你也同时减少了其他人来命令你和麻烦你的机会，在自己"好意思"的同时，让别人在你面前变得"不好意思"。

你掌握了拒绝的能力，从此不再背向世界，而是正面问题，成为一个支配者，而不是唯唯诺诺地被别人的绳子牵着走。

最重要的是，你通过战胜"不敢拒绝"，让自己远离内向性格，变得敢于表达自身意见，争取属于自己的利益，成为一个完全掌控自我的拥有独立人格的人。

在本书中，我们将告诉你怎样积极和勇敢地融入这个世界，为自己获得一席之地。实际上，要做到这些并不容易。每个人都想被关注，成为自己的舞台上的主角；每个人都希望名利双收，实现自己的理想，体现自己的价值。但是，我们看到最多的，是失败者落魄的表情，是缺乏意志力导致的满盘皆输，是不懂拒绝的"好人"们被挤在角落默默流泪的身影。

想不被逆来顺受地对待，就必须战胜自己的"自尊"，远离那些让你说不出口的障碍。你要与过去的自我对抗，要懂得说出自己的想法，与那些试图压制你的力量对抗；你要懂得突破心理瓶颈，学会实战的方法，来让自己从此开朗、外向、积极和强硬起来。

　　本书将帮助你充分地认识"不懂拒绝"的危害，全面地阐述它是如何对我们的生活和工作产生负面影响的，它的心理根源是什么，以及怎样才能消除它在体内的运行机制。与此同时，通过本书，你还能学会如何规划自己的人生，锻炼自身的意志力，拥有强大的心灵，让自己的情商和人生效率获得全方位的提升，成为一个可以由自己选择和主宰事情的成功人士。

目 录

第九课 **向自己求助：强化你的优势，有底气才能自己做主**
Chapter nine

第十课 **适当贪心：积极进取，告别畏惧，我说了算**
Chapter ten

CHAPTER ONE

第 一 课

你是"不懂拒绝"的人吗?

如果你不懂得拒绝,没有原则,或者活在虚幻的自尊中,你尽力维持的这些社会关系早晚会发生断裂,并让你变得一无所有。

不懂拒绝的苦命人

面对接踵而来的要求，不好意思拒绝的结果通常是充满痛苦的：

"我对每个人都那么好，从不拒绝他们的要求，但他们却看成是理所当然的。"

"我尽心尽力做好工作，希望用自己的表现赢得尊重，可没有人理解我，反而得寸进尺！"

好了，不要再抱怨了，先停一下。现在，你需要先审问一下自己。你从什么时候开始成为老好人的？你的第一次"没有拒绝对方的不合理要求"是何时何地？对象是谁？把这几个问题的答案写在纸上，放在面前。

接下来，你要判断一下自己的"好人情结"到底到什么程度。是随时随地、任何时刻都不会拒绝别人的要求，毫无原则地照单全收，还是只对自己能力范围内的事情不好意思拒绝？如果是后者，你的"好人指数"还不算太高。但如果是前者，意味着你已经陷入到了一种非常严重的尴尬境地。

不管现在有多忙，只要有人对你提出要求，你都会不由自主地答应和做出承诺；不管这种承诺会给你带来多大的麻烦，让你付出多高的代价，你都没有勇气拒绝。你还会惊恐地发现，由于之前你答应了太多，现在你已失去了拒绝的"资格"，因为这会破坏你长久以来在别人心中留下的"好人形象"。所以，你只能应接不暇，分身乏术，独自承担这种状态所带来的辛苦和烦恼。

在开始的时候，也许你深信这能为自己赢得别人的喜爱、同事的欢迎和上司的青睐，可以保护自己在生活与工作中免受攻击、冲突与嫉妒的伤害，维护好来之不易的人际关系，保住自己的职位和薪水。但是，你让别人满意了，自己却无法感受到幸福和快乐。

那么，你真正意识到它带来的危害了吗？

如果不懂拒绝——事情就会多到做不完

刚从复旦大学毕业一年的赵先生目前在一家高科技公司工作。他用了足足半小时倾诉自己的委屈："我知道新人都要付出代价，比如对上司不能违抗，对同事有求必应，多做分外工作赢取人们好感，为今后立足打下基础。但是这样的结果是，我每天的事情都多到做不完，经常加班到凌晨，而别人却轻松得像个大闲人，这令我颇为费解。"

"何时能够改变这种状况？"这是赵先生最大的疑问。我能告诉他的是，假如他不能从当前的工作策略和"从不违逆"的工作思维中解脱出来，换一种聪明的思路去应对自己的上司和同事，他永远都改变不了现在的局面，情况反而会更加恶化，直到他承受不了高强度的压力，自己崩溃。

赵先生和其他的职场新人一样，想当一名取悦者。他觉得只要学会取悦——在上司和同事面前表现得十分勤劳，为他们分担工作压力——就能够迅速争取到支持，获得一个立足之地。这种想法听起来是"没错"的，人们总在这样干，但问题在于，人们忽视了人性中自私的一面：别人会习惯于你的付出，也习惯了"你从不拒绝他们的要求"这一事实。当你某一天不想这样做时，你会惊讶地发现自己立刻不被欢迎了。

所以，后面的事情很容易预测——你就像一头免费雇用的驴子，不停地拉磨，根本无法停下来，因为你说不出口。你的内心快苦死了，身体也快累垮了，但却有苦说不出，只能自己消化。

你跟时间的关系也会变得十分古怪。自己的时间从来不够用，自己的分内事被扔到一边，经常延期处理，完不成任务；但你却要用大把的时间去帮别人做事，去兑现自己的承诺，满足其他人的需求。

我了解这样的人——他们的生活状态被一张长长的写满承诺和待做事项的清单占满了，就是没有自由支配的空间，也没有休闲和娱乐的时间。他们需要不断地逼迫自己来完成上司交代的任务，满足同事的要求。甚至还要做一些莫名其妙的完全没有意义的事情，只因为在对方提出要求时，自己一时心软就答应了。

在这种情况下，你不管做什么都是在看别人的眼色。就像在父母监护下的孩子一样，你拿着一张纸和一支笔，记下父母的要求，没有权利说不，然后皱着眉头去执行。这时，你得到什么样的评价，取决于你完成这些要求的质量，而不是你自己的判断。你活在别人的世界里，逐渐丢失掉大声说出"我不同意"这句话的勇气。

承担巨大压力的"苦行僧"——付出很多，收获很少

我曾经在洛杉矶一家公司遇到一位富有才能的华人职员小李。他什么事都愿意去做，只要别人提出要求。有时他要负责其他部门的额外任务，老板只要说一句话、或者一个电话过来，他就立马进入工作状态；他还是同事眼中的热心肠，老乡心中的活雷锋，只要你对他提出要求，他没有不答应的。

但是，他快乐吗？

小李说："提及这些事，我只有苦笑。我在这家公司工作两年半了，那些善于讨价还价的人有的已升为公司经理，有的当上了部门总监，而我拼命做事，还是部门内的一个小组主管，看起来没有什么前途。我在亲戚眼中是最受欢迎的人，因为我有求必应，帮助他们在美国安家，找工作，借给他们钱，让他们过上幸福的生活，但我至今仍然租住在条件很差的廉价公寓内。"

他的世界被透支严重，觉得自己随时都有"破产"的危险。

我问他："你为什么不拒绝别人的不当要求，是不好意思吗？"

"对，就这么简单。我抹不开面子，总觉得人家找你是看得上你，如果拒绝了，不但伤害了对方的面子，我心里也过意不去。"

你看，这是一种多么致命的心理。过分的自尊让一个人无法张口拒绝别人——哪怕对方故意让他去做那些毫无价值的事情，他也在试图提出抗辩时感到难为情。这样的后果就是他的世界被别人的意志塞满了，他的生活和工作都因此产生了巨大的压力，总是在紧张和疲劳的双重挤压之下，既得不到足够的协助，又不能完全摆脱不出来，回到自己的世界。

到最后，他的时间和资源都被耗尽，压力却没有消失。为了避免这一局面的出现，你只能拼命地压榨剩余时间，激发更多的能量来兑现承诺。就像小李说的："无形中，我为自己树立了一个很高的标准，那就是如何更好地为公司服务以及帮助别人，这成了我的'人生理想'，于是我迷失了自己。"

那么该如何调整这种状态呢？

1.找到原因特别重要

想一想自己无法拒绝的原因是什么呢？从根源上寻求解决办法。是想通过亲力亲为展示自己的能力，还是想把这次工作露脸的机会握在自己手中，不让别人分享你的功劳？假如都不是，那么是我们自己的心理原因吗？是不是特别想拒绝，但却没有很好的借口，或者虽然理由充分，却由于自己的脸皮很薄而无法启齿？只有找到原因，才能对症下药。

2.改变思考问题的出发点

有的人做事很少考虑自己的利益，只想到了上司的要求或同事的需要，这就是出发点的问题。假如你能事事以自己的利益为出发点，在此基础上再去照顾同僚或其他人的感受，你就有足够的勇气去表达看法，并对他们提出自己的要求。因此，对于不懂得拒绝的人来说，在你又一次感到不好意思的时候，适当变得自私一些，有时并不是坏事。

3.把自身健康放到第一位

长期违逆自身意志，去做言不由衷的事情，这种压力不断累积，会伤害自己的身体和心理健康，而且产生情绪效应，传染给自己身边的人。比如亲人、朋友、同事还有孩子。如果无法释放，就会逐渐改变自己的人格，让你的性格产生扭曲，变得易怒、焦躁和容易失去理智。为我们的自身健康考虑，也应该以自己为主，在适当的时候拒绝别人的请求。

4.相信别人可以解决

有的人天真地认为，之所以答应别人的请求，是人们确实无法解决，从而才来请求他给予帮助。他们认为自己能力很强，别人确实不能像他那样把事情做好。这有时是真的，但在更多的时候，事实是人们只是想偷懒罢了。你很勤奋，十分想表现，而人们正好利用了你的这一弱点。所以，在别人希望你帮他一把时，你首先要信任对方的能力，然后把这一想法明白无误地告诉他。

5.付出应与回报相等

这要求你必须有权利意识，在不好意思拒绝的同时，要"好意思"索取应得的报酬。有的人即便包揽了全部的工作，承担了一切大事小事，而且做得很好，也无法得到体面的回报。他们从不思考责任与义务，也不好意思向别人提出这方面的要求。于是，在自己麻烦缠身的同时，却没有相应的补偿。额外的要求总是前仆后继，自己期待的回报却迟迟不来。

在我们经手的案例中，更多人反映了这方面的苦恼。他们说："上司让我干什么，我就干什么。我付出很多，但回报很少。"时间一长，当他们忍不住提出要求时，给上司留下的坏印象又会在他们的头上戴上人人都能看见的一顶帽子："这么努力，原来别有目的。"这真是一件不幸的事情。

尽管你自己难以接受，但如果在一开始时不能确立自己的原则和底线，你就会陷入这样的局面。因为人们的确有这种思维惯性，他们会把你起初的表现固定下来，产生一种印象，认为你应该是这样的。一旦你尝试改变，就会遭到反弹。

从心理学的角度讲，每个人都渴望自己的努力得到补偿，没有谁是愿意无偿劳动的。工作就是一种付出与回报的契约关系，我们听从上司的安排，努力做好工作，然后获得公司给予的合理报酬；我们协助同事，服务客户，也从这种付出中受益。拒绝的唯一前提就是"我们不能从付出中受益"。

就算在家庭生活甚至于夫妻关系之间，也并不存在"无偿付出"。一个苦命的丈夫经常是需要听从妻子无休无止支配的可怜人；一个地位卑微的妻子也承受了太多"失去自我"的生活。如果你不懂得拒绝，没有原则，或者活在虚幻的自尊中，你尽力维持的这些社会关系早晚会发生断裂，并让你变得一无所有。

没有谁是靠服从别人的一切要求来证明自身价值的。事实上，做得越多的人，往往获得不了与自己的付出相对应的回报。当你不好意思拒绝别人的不合理要求时，你已经走上了一条没有终点的"苦旅"——

你开始欺骗自己：我可能是不可或缺的？

你忘了休闲和放松的重要性，甚至认为这会浪费时间，并产生罪恶感；

你对自己价值的认同取决于为别人做了多少；

越是不懂拒绝，你的生活就越加辛苦。为了处理由于自己习惯性地承诺而产生的繁重工作，你会逐步压缩自由空间，把自己几乎全部的时间和精力都投入到这些"必须完成"的工作中。但问题在于，你永远也停不下来。

对此，你希望自己属于哪一类人呢？

现在，请为自己建立一种新的思维模式：

（1）我之前认为的"依靠自己没有原则地全力付出，就能够让自己变得不可或缺"，这是一个极端错误和危险的观念；

（2）我不可能仅凭服从命令和辛苦的工作就能获得晋升，相反，我可能由于丧失原则的作为而使自己失去尊重；

（3）我必须在接受一项请求前分析它的合理性，以及为此我需要付出多大的代价；

（4）我只能答应"自己有必要去做而且也有能力做好"的请求，除此之外的一切承诺我都需要谨慎对待；

（5）我需要将拒绝的权力放在第一位，在任何时刻，我都应让别人清楚——无论对我提出什么要求，都有被拒绝的可能，因此必须考虑我的感受，给予我足够的尊重。

不敢主动改变的失落者

在深圳一家公司上班的吴华认为自己是一个不折不扣的"窝囊废"。原因是他从来不敢争取自己的正当权益。他说:"我工作卖力,心地善良,干得比别人多,业绩也比别人好,工作效率也不慢,但薪资待遇却没别人高。我在公司待了已经六年了,却从来不敢为自己争取利益,比如加工资或者要求升职。请问我该怎么办呢?"

"你从来没有向老板提过吗?"

他摇头不语。在长达六年的时间中,他几乎从未开口,也没有向上司暗示过自己的需要。明明属于他的业绩,他也不好意思公开讲出来,然后让老板将他应得的回报给他。与此同时,对上司的各种不合理要求,他也不懂拒绝,就这样继续做着窝囊、隐忍而吃亏的事情。

吴华在这方面还有一个表现。他对自己喜欢的女孩子默默地付出很多,有着长时间的暗恋史,却一直没有表白。他认为自己很失败,更不知道应该如何是好了。

他无奈地说:"总而言之,我成了一个不懂得表达自己要求的人。"

本该属于自己的利益,假如不懂得争取,不知道怎样拒绝上司的贪婪,那么一定是让自己受损的。在工作中，每个人当然都应该争取自己应得的利益。但现实中，偏偏有很多人张不开这个嘴，他们不爱争，不敢争，也不会争。有时候，他们宁可选择跳槽，离开公司，也不愿意跟上司当面理论。

我把这样的人称之为"隐形人"。他们还有一些表现，三个字可以概括，就是"没特点"：第一，说话没特点；第二，衣着没特点；第三，做事也没特点。

长此以往，危害是多方面的：

1.应得的利益总是被别人拿走

这是毫无疑问的，你会变得非常胆怯，而且错过升职和加薪的机会。这是你应得的利益，但你因为自己的害羞失去了。

2.失去展示个人价值的机会

我们在工作中有责任考虑如何才能更好地呈现自己的工作成果与个人价值，以及让公司上下看到自己的工作能力。但这些的评价标准是什么呢？别人会主动送上这些成果吗？当然不会，而且特别需要我们自己抓住一切机会来争取。

假如你不敢争取，就不会得到这些回报。至少，它将非常困难。现在的职场竞争是十分激烈的，你不要，别人就拿走了；甚至你要的力度不大，别人也会抢走。因此隐形人的工作是痛苦的，他们感觉不到价值感，看不清事业的出路，被边缘化，有严重的职业危机。一旦发生变故，就很容易出局。

3.大把的时间和精力白白溜走

这样的人大多也是空耗时间的迷茫者，他们浪费了大量的时间，并为此感到困惑。不敢争取利益，不敢拒绝无理要求，逐渐就让自己进入一种浑浑噩噩的状态，对工作没激情，做当下的事情也不顺利，一天24小时都在游离之中。

吴华就这样形容自己："我感觉无所适从，举步维艰。虽然很想离开，但也发现不知道今后的事业该如何起步。我就像掉进了一座泥沼之中，已经无法自拔了。"

对每个人而言，你要具备的第一项职业素养，就是让自己拥有强大的效益意识——"我既为公司创造效益，也要为自己创造效益。"如果你是一个羞于谈利益的人，不敢为自己争取合理利益，并且轻易地牺牲掉自己的利益，那你就只能步步退让，直到无路可让。

怕伤害别人，只好伤害自己

　　与吴华一样，在北京工作的晓桐也是一个自认为活得很窝囊的男人。他今年27岁，大学毕业3年了，在朝阳区有一份体面的工作，也有一位漂亮的女朋友。看上去他的人生是成功的，至少起步顺利，没有遇到什么挫折。

　　但是，晓桐说："在我内心时常有无力感，我为失败的社交苦恼，为自己的怯懦感到羞耻！"他说，在和朋友发生分歧时，他总是轻易让步，败退下阵。尽管他很不情愿，事后也常自恼怒不已，但当面却表现得彬彬有礼，很好说话。这是一种互相矛盾的行为，使他深感痛苦。

　　他的理由是："假如我寸步不让，据理力争，会否伤害到他，让他难过？"因为担心自己的拒绝或强硬会让朋友难过，怕伤害到对方的情感，因此他常不自觉地委屈自己。

　　怀有这种心理的人当然有很多。比如我在一次咨询中碰到的另一名年轻人。他讲述了自己在感情生活中的纠结："我和女朋友谈两年了，因为某些原因，我想和她分手。但是我害怕她接受不了这样的结局，怕我的分手要求会伤害到她，我该怎么办呢？"

　　和恋人分手？人人都怕伤害对方。但像他这么纠结的确实少见，因为他为此失眠了两个月，甚至要去购买安眠药，每晚吃上半片才能入眠。他不知如何是好，也不确定女朋友是否能够接受和平分手，因此格外痛苦。

有些人就是这样。他们不做出拒绝的决定，是出于恐惧和内疚，而不是理性的分析。他们在社交活动中，尽量表现得服服帖帖，不做反抗，不露出獠牙，是因为恐惧对方的愤怒，或者害怕伤害对方的感情。所以，他只有一种选择：服从他人，或委曲求全。

一个人如果长期地生活在这种小心谨慎，甚至于胆战心惊的情境中——正如同有些孩子在成长阶段经历的——就会越加变得不独立、没有自主能力。直到彻底地依赖他人，犹豫不决。在需要拒绝时，他的第一反应总是退缩。因为怕伤害对方，最后只能伤害自己，使事态加剧恶化。

这经常是人们在童年时期没有得到正确的"不"字训练的后果。从家庭走到学校环境，或者在十几年的成长过程中，没有得到及时的拒绝训练，没有积累一定的经验和形成条件反射，就会在成年后表现得手足无措。

然而，任何良好的关系都必须建立在拒绝和选择自由的基础之上。德拉格教授说："我们每年接触上万起这类案例，根源只有一个，他们没有在很早时就确认自己的界限得到认可。最关键的是，他们没有经受类似训练，没有过拒绝经验，由此形成了软弱性格。"

拒绝真的会伤害对方吗？如果你能够想象得到并且平静地对待"被拒绝者"的愤怒情绪——可能会愤怒，但可能什么都不会发生。你可以为自己设计好一系列的语境：

"听着，我爱你，但是你不能这样做！"

"嘿，哥儿们，我知道你很生气，但我还是要说，我不同意你的观点。"

"我明白，这很令人遗憾，我们必须分开，但我是为你好，因为我们并不合适。"

诸如此类等等，这一点都不艰难，相反可以脱口而出。这既坚持了原则，又给予了情感理解，同时确认我们内心的强大力量，守护自己的底线。能够表达自己真实的感受是无比重要的，因为这意味着你开始掌握处理与他人的分歧的原则，也能够坦然地面对生活中各种各样的挫败——包括被你拒绝者的挫败。

擅长保护自己心灵领地的人，从不害怕对他人说不。发现并巩固自己的心灵领地，这就是你要做的。在拒绝他人时做到坦然，在第一时间设立界限，是最好的自我保护手段。即使对方发怒，他也不会糊里糊涂地认为这是你的责任或过错。

你还要明白：

（1）如果对方因为你保护了自己的领地而生气，那么这是对方的问题，你不必内疚；

（2）拒绝不会伤害人，愤怒才会伤害人，这亦与你无关；

（3）不要让对方的愤怒指使你去做不情愿的事情，也不要对此有什么妥协的冲动；

（4）不要让对方的愤怒影响你自己的情绪，从而使你也变得愤怒起来，或因此而羞愧；

（5）做好这样的准备——在有必要的时候远离对方，保护你自己。

怕破坏关系，只好自己吃亏

关系就是资源，代表着未来的机遇。不管是建立一段朋友关系，还是某种工作中的合作关系，在现实中都不容易。正因此，人们不想轻易地破坏它。但是在无可奈何必须这么做的时候，你又会如何选择呢？比如有人借了你的东西一直不还，当你想要回来时，会怎样开口？

这时有不同的情况，人们也有不同的反应：

（1）对方和你的关系非常熟，感情也很好，堪称密友，因此你害怕他不高兴？

（2）虽然关系一般，你也明确开口了，但对方却没有任何表示？

杨小姐在华尔街一家证券公司做翻译工作，最近就遇到了这样的事情。她说："同事胡先生借了我六百美元，约好一个月归还。但时间过去两个半月了，他提都不提，装作没事人一般，好像根本没借过我的钱。我前几天暗示了一下，他也毫无反应。我该怎么办？"

在交谈中我了解到，胡先生是该公司职位较她高一级的主管人员，杨小姐不敢得罪他。另外还有一个大家都知道的原因：同为华人，这层关系比较特殊，不管是工作中还是生活中，说不定哪天就会用到对方。所以，杨小姐犯了难，她不知应采取何种方法，才能让自己既把钱要回来，又不至于伤害双方的关系，不影响今后的相处。

对于杨小姐的困惑，很多人都遇到过。人们撇不开脸面，不愿意为借钱这种事撕破了脸，有时确实很难开口。但是，有没有从另一个角度想过这个问题呢？那就是——欠债还钱是天经地义的，如果对方在乎你们之间的关系，那么他应该如期主动归还才是，否则破坏关系的人就是他，而不是你！

在我们的社交生活中，并不是每一种关系都值得去维护和经营。如何判断两人关系的价值好坏，这才是最关键的。也就是说，有的关系与其维护下去，还不如断绝，因为有一方在这种关系当中始终处于占便宜的位置，他不想对你付出，只想向你索取。对于这种人，我们必须果断地开口拒绝，不要考虑会不会伤害到他，以及会不会破坏这种"友谊"。

基于此，我对杨小姐提出了三个建议，请她思考：

（1）要回本该属于你自己的东西，你应该光明正大，不需要纠结。事实上，你在处理任何事情时，都应该坚持这条原则，不要害怕，也不要因此而尴尬。

（2）如果你明确开口，对方仍然毫不在意，那么立刻搞清原因——请对方解释，然后做出理智的判断。

（3）假如因为你的拒绝，就使双方的关系遭到了破坏。我的结论是，这样的关系不要也罢。

怕被别人拒绝，只好什么事都自己硬挺

有时候我们害怕被别人拒绝。杨小姐对我讲到了她刚到美国时的一件事，因为没地方住，身上的钱又不多，她就想到老乡那里暂住一段时间。初次出国工作的年轻人经常碰到这种情况，比如借住、借钱等，都会找老乡帮忙。在美国，也有相当数量的华人同乡会，专门帮助刚从国内来美的新人度过初期的艰难阶段。

但是，杨小姐一开口就被拒绝了。那位老乡并不想帮助她，以"家里人多房间少"的理由对她关闭了大门。第二天再打电话，已经处于无人接听的状态。

杨小姐说："这件事让我有了心理阴影。我觉得自己再对别人开口挺难的，从此一旦有事需要求别人时，就怕再次被说不。我宁愿忍受委屈，也不想再求人了！"

判断一个人的心理成熟度，就看他能否自如地对别人说"不"，以及能否主动要求别人来帮助他。这其中，也包括他能否有承受的能力——当别人拒绝他时，他是否可做到心态的平和。

结论是：一个人能够说"不"和接受被别人拒绝，都是需要勇气的。做到这两点并不容易。

在心理学上有一个名词，叫作"被拒敏感"。指的是一个人既不懂得拒绝，也不能自如地对别人提出要求。他既害怕拒绝别人，也害怕被别人拒绝。这是一种尴尬和纠结的心理状态，时常在我们的生活和工作中出现，毫无预兆。

这类人的人际关系看起来不错，比如杨小姐。她朋友很多，因为她热心助人，口碑很好，因此别人喜欢来"麻烦"她，甚至不停地占她便宜。可是，苦水只有她自己吞。她自己的总结就是："我死要面子活受罪，吃亏的从来都是我。"

如果进一步挖掘这种行为表现的心理根源，我们会发现他们的潜意识中一直想讨好别人。这有两种表现：

（1）功利性地讨好别人，通过主动地成全别人，来实现自己的目的。

（2）防御性地讨好别人，通过委曲求全来使自己处于安全地带，避免树敌，为自己取得较为宽松的生存环境。

看起来，这似乎有一定的积极作用，但任何事情一旦走向极端，就会给自己带来无穷的烦恼。害怕说"不"的行为极端化后，就使自己的内心失去了对"本我"的依托，事事以别人的感受为判断标准，不敢拒绝别人的无礼要求，也害怕自己的合理要求被人拒绝。

原因通常有两方面：

1.有过被拒绝的心灵创伤

就像杨小姐"借住"被无情拒绝的遭遇。在他们过去的经历和人际环境中，存在着类似的创伤。尤其是在他们第一次开口时即遭打击，就在潜意识中种下了"我不能开口，否则必被拒绝"的种子。这种思维模式就是："我不能……否则会……""我不可……因为会……"他们的脑海中容纳了足够多的与"不"有关的逻辑，性格与行为模式中就逐渐形成了对于"不"的高度敏感。

这时，他们就不得不控制和压抑自己的需求、请求与要求，避免再次发生

"被拒绝"的不舒服的体验。大凡由此引发的社交焦虑，都是由于这种害怕被拒绝的心灵创伤造成的。只有彻底摆脱过去的阴影，才能战胜它。

2.脆弱的自尊在作怪

有相当多的人，他们的自尊心很强，同时又脆弱。比如一些人十分看重气节，讲究坐得端，走得正，严格约束自己，认为做人处世应该少去麻烦别人，由自己解决比较好。在这种自尊心的影响下，他就特别在乎面子："人活一张脸，树活一张皮。我不能去求别人，否则被拒绝了，我多没面子！"

他们与其是害怕被拒绝，不如说是恐惧被人在背后戳他的脊梁骨，说他的风凉话。由此，更加地顾忌自己的行为对于别人的影响，以及大家对他的看法。本质上，这种怕被拒绝的行为，是出于他的自尊需要。

怕失去机会，只好忍受被欺负

因为害怕失去合作机会，我的老朋友孟先生几次三番被他的客户戏耍。他在脸书上写了自己的苦闷，搏来人们的一片同情，许多人劝他改变自己的行为，变得坚强和自信一些，但他只是在网上发泄一下而已，实质上做不出任何改变。他还是由于自己的软弱，屡屡不能捍卫自己的权益。

这一点不奇怪，孟先生在上司面前也是这样的。他说："保住一份好工作不是易事，岂能不如履薄冰？"

我说："即便你付出百分努力，却只得一分回报，也要坚持这样吗？"

他说不出话来了，心知自己的行为需要调整。但他仍然找不到什么动力来督促自己改正。从前年开始，我就经常与他谈心，深入了解他的生活，以便提出他能接受的方案。在这个过程中我发现，他懦弱心理的形成，可能已有30年的历史，要想完全纠正，并非一朝一夕之功。

举一个简单的例子：上司交给他一项重要任务，但又对孟先生提出了无比苛刻的要求，比如很少的提成甚至没有回报，辛苦的加班和超额的工作量。但他为了抓住这个机会，便不敢讨价还价，领命就干，被他的同事笑作傻瓜。

"你为何不拒绝上司的无礼要求？"

"唉，我怕这么好的机会给了别人。"

诚然如此，但有苦自己受的心态未免太自虐了吧?

人们为何这样? 原因是现在的世界"人多饭少"，一份好的工作可能十几个屁股等着抢坐。所以，这是造成许多人不敢反击老板非分命令的缘由。人们在竞争中如果发现机会很少，就会产生一种"我不能犯错"的心理，害怕自己要求太多而失去了宝贵的机遇，被别人抢走。

但是，害怕失去机会的背后，我们看到的是一个人自信的消失。这比你勉为其难地维持一段关系或牺牲自己的利益保护一份工作付出的代价更为可怕。它对你的伤害是远期的，今天看不见，明天看不见，但将来一定能看到它对你的不利后果。

孟先生已经感觉到了这一点。他说：周女士，我开始怀疑自己的能力。有时，我痛恨自己的胆小，有时又惧怕今后没有竞争的勇气，再不能像前几年那样敢于争取应得的利益了! 我的心一夜之间衰老了，因此这令我痛苦。

在你依然对某些事"不好意思"的时候，有没有追根溯源，想一想自己的身上正发生哪些变化呢? 如果连自信都没了，那就必须做出改变。也许从这一刻就得开始——端正态度，仔细看看在自己的生活中究竟在发生什么!

不会拒绝的10种表现和根源

	行为表现	心理根源
1	不敢表现自己的能力，哪怕信手拈来的事情，也往往向后退缩，将机会让给别人。	内心很自卑，总觉得别人比自己优秀。在被人表扬时，自卑会更明显，因为从内心深处就觉得自己配不上表扬。越是激励他，他就越容易后退，将自己深藏起来，不敢显露一丝一毫。
2	找不到自己的优点，也不清楚能有什么优点，对自己缺乏了解，表现得好像完全丢失了自我。	人生定位模糊，事业定位失败。内心自我迷失，不管做任何事，他都没有底气。此类心理根源是技术性的，在重要的人生阶段错了对自己进行定位、对事业进行规划的步骤，就会在后面发生这种"迷失"。
3	缺乏行动力，总是磨磨叽叽，找一切理由不去行动，喜欢制造借口，帮助自己停在原地，什么也不干。	拖延症，缺乏意志力，无法战胜自己的懒惰心理。另外，缺乏行动力的心理根源还有"没有危机意识"，不知道自己会失去什么，因此没有足够的动力激励他快点行动起来。

	行为表现	心理根源
4	不敢表达自己的观点，羞于开口，甚至连表达的机会也让他惧怕，他不会到可能需要发言的场合去，尽量不参加人多的聚会，也不参加任何有陌生人参与的讨论。	害羞，也害怕被人嘲笑。但根本上，他缺乏自信，认为自己的见解不值一提，或者已经进行了失败自我预验——觉得只要一开口，一定使自己处于难堪或尴尬的境地。另外，他对于开口表达后的后续行动缺乏控制力，没有信心掌控讨论进程。他可能想："我发表了一些观点，如果人们接着问我新的问题，我该怎么办呢？"这是最令他痛苦的事情。
5	不忍心拒绝别人，不忍心看到别人难过，这会是令他最伤心的局面。	极其怕伤害对方，怕破坏双方的关系。这是由于他特别在乎人际关系，也在乎自己在对方心目中的地位，生怕惹对方不高兴，毁坏了这种好印象，因此他绞尽脑汁也要满足别人的一切要求，哪怕付出很大的代价。
6	不敢拒绝别人的不正当要求，总是很快就答应了，连一句反问都没有，就变成了被操纵的木偶。	怯弱心理，害怕现状被破坏，害怕承担责任——与对方争论和破坏关系的责任。同时，他也不想改变现有的生活状态，这说明他的内心有强大安逸心理："吃点亏没什么，我只求安稳度日，不给自己找麻烦！"
7	不敢提出自己的合理要求，就算大家都知道他吃亏了，也不敢去当面或悄悄地申请改变，要求对方撤回伤害自己的决定。他就像一只绵羊，总是老老实实地待在羊圈，吃很少的草，然后从不抗议。	一方面，他在内心对自己的要求太高了，精神境界高，自我道德要求也高，认为自己应高风亮节；另一方面，则是出于害怕失去已经拥有的东西，比如一个还算安全的"羊圈"，他会想："假如我要求更多的青草，是不是会把我赶出羊圈呢？"这是他的担心；最后，他也害怕惹对方不高兴，给别人留下不好的印象，因为他走到今天并不容易，十分看重已经建立的关系。

	行为表现	心理根源
8	总让别人做决定，自己则没有主见，别人说什么他就做什么，一点反驳和自我选择的意识都没有，也很少反问自己对方的决定究竟对不对。	决策依赖症，自己没有决定力，也没有勇气拒绝别人为自己做决定。从心理上看，往往有长期的依赖经历，使他养成了严重的心理惰性。因为没有过太多自己做主的经验，在成年后干脆就放弃了这方面的训练，出让了这一部分权利，把它交给了父母、兄弟、伴侣、好朋友和上司。
9	不敢与陌生人交流，比如很少参加社交聚会，不去结交陌生朋友，也基本不会与新认识的人交谈太长时间，而是习惯性地躲在一个熟人圈子里。	这源于强烈的交际恐惧症，怕被陌生人拒绝，怕给对方形成很坏的印象，当这种心理越来越强时，就在内心形成了一种交际恐慌，驱散了勇气，占据了意识，主宰了行为，因此不敢去沟通，也不敢在公众场合和陌生人说话——即便开口，也仅限于一两句的客套之语。
10	虽然有主张和观点，但遇到对方的反击时，总是一退再退，不停地妥协，直到最后一败涂地，彻底丧失自己的立场。	没有在内心设置底线，缺乏红线意识，也没有意志力，无法长时间与人争论和对峙，因此总也守不住阵地。从根本上讲，缺乏果断的品质，并且也缺乏自信，往往同时包括了上述综合的行为表现和心理现象。

第 二 课

失控的世界：
什么事都让别人做主？

从现在起，不要再依赖任何人替你做出决定，在他们试图
这样做时，毫不客气地说"不"，把他们从房间里请出去。

当依赖成为习惯

居住在台北的柯先生是一位从小就依赖母亲的大男孩。现在他长大了，但又开始依靠自己的女友，成为了未来媳妇的"奴隶"。用他自己的话说："除了什么时候上厕所由我自己决定，其他任何事都需要别人提醒或督促我！"

"周老师，您是否对我感到悲哀呢，认为我无可救药？"他自嘲地问。

"不，我没有这种感觉。我只是觉得，你似乎应该让自己的生活回到正确的轨道了。"根据他的讲述，我对他的情况进行了定位，"你只是习惯了由别人来掌控你的世界，决定你的人生。不管大事小事，你都没有建立自主意识。这是你从不拒绝别人的根源！"分为两种情况：

1. "依赖者"总是希望被爱

对于此种情况，德拉格归结为一种长期养成的"无意识过程"："我们在心理治疗中发现大量的案例，大多是在童年时期就开始形成的。他们由父母来安排生活，自己没有独立的经验，产生了'被爱的希望'，然后在此过程中逐渐放弃了自己的人格。长大以后，这一行为模式很难消失，从而在走出家庭后寻找新的替代者，去承担父母的角色。"

根据我们的经验，这一情况在恋爱关系中更为突出。就如同柯先生现在的表现——他的女友成了他的新一任"母亲"，使他继续放弃原来的自我。任何事情，女友都替他决定，是他的精神依赖，而他从不说"不"。尽管有时他也想，但只是想想而已。

2.焦虑——失控恐惧症

诚然，每个人都有一定程度的依赖情结，只是从小到大我们依赖的对象、性质和程度不同而已。但不至于严重到连"穿什么颜色的内裤"都由伴侣做主的程度。柯先生说："一旦她不替我决定了，我就感到焦虑，就好像她不爱我了！"这正是失控恐惧症的表现——对失去精神支柱的焦虑，也是对失去爱的恐惧。因为从心理学上，一个人对某个人或某个物体过度依赖，就必然伴有对失去他（它）的焦虑。

换言之，柯先生对女友从不说"不"，是出于从女友那里获得认可的需要。他的潜意识认为，只要自己服从女友的安排，就能获得她足够的认可。否则，他就感觉自己有被忽视的危险。

因此，人们害怕说"不"的心理实质，其实是害怕被否认。这导致了更加强烈的压抑自我，让自己处于完全不做主的状态，来换取长期的安全感。

但与此同时我们也会发现——当自己不懂拒绝的时候，其实内心是很想拒绝对方的。但由于依赖的惯性与对失控状态的焦虑，导致自己的大脑痛恨拒绝，并经常做出服从的决定。

才刚开始就投降

柯先生向我分析他的性格："可能是从小就没学会坚持自己观点的缘故，我养成了很容易被人说服的习惯。比如，女朋友希望我明早去陪她购物，而且要在外面待一整天。即便我明天有特别重要的工作，完不成这项工作就可能被扣掉这个季度的全部奖金，我也会不由自主地答应她。"

不管女朋友要求他做什么事，他都说不出拒绝的话。这源于什么原因呢？实际上，这是缺乏自我的表现。一个人意识不到"自己是什么"或"自己需要什么"，甚至于他从来都没有认真地考虑过这个问题，就会表现为懦弱的个性。

这种人是活在别人的印象中的，他的"自我概念"也是建立在他人的评价之上。由于这种软弱的个性，使他的内心越来越自卑，失去主见，备受折磨。他们的性格决定了，一旦涉及争论，他很容易在一开始的时候就宣布投降，不会有争论，也不会有对抗。他就像关在圈里的温顺绵羊一样，"主人"牵他去哪儿，他就去哪儿。

在进行人际交往时，他会高度地关注他人的行为反应，包括对方的需求。"嘿，你不管需要什么，我都会答应的！"这就是他给人留下的印象。因为在他的潜意识中，认为自己如果满足了别人，就能获得对方的好感——他总是这样想，而不是仔细思考"我到底想要什么"，也很少考虑自己的生活应该由谁来主导。

德拉格曾向我推荐过一位行为异常治疗者佩兰。佩兰和柯先生的表现有相似之处——对别人的看法过度在意，喜欢任何事情都听一听旁人的建议，然后迅速扔掉自己的观点。我请佩兰来我的公司工作了三个月，职位是我的助手。通过观察他对于"不合理命令"的反应，来判断他的"生活"到底失控到了什么程度。

有一次，我不由分说地命令他："小伙子，今天不要下班，待在公司把这些文件录入电脑！"

今天是周末，法定休息日，大家都会放下工作回家自由安排自己的时间。在美国，员工有拒绝加班的权利。而且我安排的任务也太繁重了，这也是一堆毫无可能在一天之内完成的文件，它足有10本书那么厚！但是，佩兰只是看了一眼，稍微犹豫了2秒钟，立刻就同意了。

"好的老板，我马上开始！"

第二天上午9点，我来到公司，发现他又困又累，就像一只疲倦不堪的"看门狗"，仍在挥汗如雨地奋战。他的办公桌上扔着几片面包，还有半杯咖啡。他的头发凌乱，眼神迷离，身体极为疲惫，但是并没有停止工作的意思，就好像没有意识到自己的精力早已严重透支。

我冷漠地把他叫到一边："你从来都是这样吗？"

"什么？"他惊异地问，"我没觉得，这很正常呀！老板您还需要什么？"

在佩兰的眼中，我发现了强烈的"自我肯定"，他的潜意识告诉自己——这么做是有价值的，证明他被人喜欢。他可能也有自己的见解，有强烈的自我意识，但从我给他发布命令的那一瞬间，他的自我意识就被打败了，完全没有抵抗的计划。就像我们的一些朋友："啊，你说什么？请等等，我的看法是这样的。

哦，好吧，看来你有主张了，我听你的！"投降的过程就是这么简单，说服他们一点也不费劲。

这也许正是一些人从不说"不"也很少拒绝的最大根源。他们的自我肯定来于别人的肯定，因此他们是没有办法拒绝的，在一开始就不会想到"我应该否定别人的想法"。他们对"自我"缺乏清晰的定位，并且把自我捆绑到了别人的认可之上。

也就是说：他心中的"自我"，是由别人决定的，而不是他自己，正如柯先生的脑海中那个牢固的想法一样。柯先生小时候害怕被母亲轻视，现在则不想惹女朋友不高兴。他说话和做事的标准，就是以他人是否满意为原则。在这条原则的范围内，他自己的感受只占有一个很小的角落。

这意味着：

（1）拒绝别人的结果是可怕的：因为否定和拒绝别人，就是在否定他的"自我"，激活他心中的自卑。

（2）服从就是他的价值：他在服从别人的过程中，充分地感到了"自我"的存在和价值的彰显，拒绝则易使他失去这种感觉。

总在最后放弃自己的观点

放弃自己，去顺从别人，这将是我们人生失败的开始。没有谁是通过放弃自我获得成功的，也没有哪个卓越人物用顺从的方式建立了自己的权威。有些人的行为模式是另一种：他们开始时非常坚持地说"不"："不，我不同意你的观点，我另有看法，请听听我的见解！"他们在据理力争时表现得很好，但随着时间的流逝和争论的进行，却在最后关头妥协了——而且总是妥协。

他说："噢，好吧，你赢了！"

今年35岁的约翰已成家立业，在迈阿密有一栋花园小屋，还娶了漂亮的妻子。作为一个事业有成的男人，似乎他的人生应该是满足的，为人处世也应较为成熟老练，但他苦闷地说："很难想象我会是一个缺乏意志力的人，有时明知别人会欺骗我，却仍会被他说服，我好像不太懂得坚定地拒绝别人，并不给那些糟透了的事情一点机会！"

他坦言道："随着年龄的增长，我应该学习掌握分辨的本领，行事和说话更加小心一些，比如在不清楚真相时不要轻易答应某些人的要求，以免引祸入室，让他们破坏我的生活。但是这样一来，我就必须和自己的本性作战——我的天性决定我意志软弱，无情地拒绝总是很困难。例如我的同事有时会毫无愧疚地指使我去分担他们的分内工作，虽然我据理力争，但最后还是去做了，后果就是经常牺牲掉自己的假期，没有时间陪妻子和孩子。"

这让我想起在国内做过的一个调查："你会从头到尾都坚持自己的同一个观点吗？"有76%的人都选择了否定的答案。多数人很难在经历长时间的争论、说服和思考后，还能抱持开始时的看法。尤其在需要坚定地说"不"时，总是心有余力不足。因为这意味着得罪对方。人们总是想顾及面子，试图寻找两全齐美的解决办法——比如暂时委屈一下自己！

在我看来，这种丧失立场的善良背后，还隐藏着一种"得过且过"的心理倾向。长期为我服务的精神分析学家皮埃尔说："我认为还有某种受虐情结。有的人天生喜欢为别人做事，哪怕需要牺牲他自己。他的潜意识把自己变成悲惨遭遇的受害者，同时他也是制造者。当生活被毁坏时，比如没有时间做自己的事，他就会拿着这些理由说，看，其实我的时间都给别人了。这也是一种为自己开脱责任的方式，就像自我预言验证一样，为了兑现一个失败的预言，他通过这种举动来促成失败的实现。"

毅力加固我们的"自我状态"

请关注自身体内的毅力指数：它的高低决定了我们在辩论时能坚持多长时间，是否有勇气在最紧张的氛围中拒绝服从对方。

毅力就是意志力，它是人们为了达到某些预定的目标而自觉地控制自己的意志品质，可以帮助人们克服困难，努力把目标顺利地实现。在本质上，毅力既是我们的"心理忍耐力"，是我们完成学习、工作和事业的"行动持久力"；同时，它又反映了我们的"自我状态"是否强大和牢固。

为了加固这种积极的"自我状态"，首先，你需要有强大的自主思考能力，而不是患有严重的依赖症；其次，你要有定期的内省习惯，来反思在哪些正确的事情上你没有坚持到底；最后，你还需具备果断力和自制力，并能够忍受挫折——特别是和人争论中的心理挫折，以免总在受创时妥协。只有这样，我们的意志力才能发挥最大的作用，体现它应有的价值。

遵循七步让你战到最后

1.必须有自己明确的目的

培养意志力的第一步，可能也是最重要的一步，就是你必须知道自己想要什么。有了明确的动机，才有了强大的动力来克服阻力。动机是我们坚持到底的第一要素。否则，你连自己想做什么都不清楚，又怎能充满底气地拒绝别人呢？

2.激发成功的欲望

如果我们对于自己追求的目标充满了强烈的成功欲望，就很容易把意志力培养出来，不管干什么也都能坚持下去，相反，你可能连3秒钟都坚持不了！

3.信心必不可少

信心就是相信自己的能力，也相信自己的回答是正确的。这能帮你平等地与别人交流，而不是低声下气，连自己讲的对不对都无法确定。信心也是开口表达的重要的动力，没有信心你根本无心拒绝，老早就逃到了很远的地方，连拒绝的机会都很难拥有。

4.制订详细的计划

计划必不可少——对任何问题都有自己清晰的见解和详细的计划，这能增强你的底气，给你的回答提供有力的支持。那些缺乏计划的人，也是最容易被别人说服的人，他们没有什么资本拒绝别人，也没有信心让别人听他的。

5.认清你的"自我"

认清自我是非常重要的，这能让你找到自己的可靠性，然后脚踏实地应对一切问题。一个迷失自我的人，他又怎能不会犯下依赖症呢？事实上，越是自我强大的人，他们就越容易坚持自己的看法，而不是被别人左右。

6.协商精神

有良好的协商精神和沟通的办法，可以帮助你在与人密切合作的同时，又能用自己的观点说服对方。一个不容易协商的人，就算你意志强大，信心激昂，勇气充沛，又有什么用呢？人们总不愿意与性格孤僻者共事，也不想和他发生任何交集。

7.形成一个好习惯

因为成功的意志力，其实是习惯的产物。有了坚持到底的习惯，你就不至于轻易在要紧关头妥协，在关键时刻说不出那个"不"字。实际上，越是在重要时刻的拒绝，越能彰显它的意义。

问问自己：我真的不能做主吗？

针对这个问题，杭州的24岁女孩小江写来邮件讲了她的经历。她在过去有很强的依赖意识，上学时依赖老师和同事，在家时全听父母的，毕业后又把领导和男朋友当成了自己的人生方向盘。他们说什么就是什么，她几乎照单全收，不会说一个"不"字，也不会想一想哪些是自己需要的，哪些则完全不必同意他们。

但是突然有一天，小江发现事情有些不对。她说："男朋友建议我报考公务员，列举了一大堆理由，父母也同意他的看法，然后一群人给我做工作。就在一瞬间，我的脑海中生出了强烈的抗逆意识——我为什么要听你们的？"

小江史无前例地说了"不"。她第一次看清了自己的理想，找到了人生方向。未来的道路不能由别人安排，必须由她自己。她的志向是从事传媒工作，准备在现在的公司锻炼两年，就出去自己创业，比如做一个广告代理公司。她认为自己有足够的能力，也已经攒到了一些钱。

"公务员？不，这不是我想要的。这是我第一次做出这样的事，没人指导过我如何拒绝别人，尤其这么重大的事情。我不知道是否有谁这么做到过，同时战胜了男朋友和父母的压力，也没人给我出过主意，我只是简单地为了自己去做，虽然在我说出口之时，遭到了他们更加有力的劝阻。"

后来我们通了电话，我问她："最后怎么样了？"

她骄傲地说："我成功地拒绝了他们，决不听从或服从于他们的意志，我有自己的方向。"

在大多数时候，小江都是一个保持沉默的人。但在关键问题上，她成功地做到了由自己做主。这表明，即便你的依赖症已经很严重了，或者有相当长的"只会说'是'的黑历史"，你仍然能够坚定有效地说出这个"不"字。从现在想，你就可以坐下来，安静地调整情绪，然后问一问自己：

"我真的不能自己当家做主吗？"

我相信，答案一定是否定的，因为你可以做到，只要像小江这样，坚定立场，然后按照计划去做，并不产生丝毫动摇。

皮埃尔分析说："小江之所以战胜了自己，是因为她突然意识到了拒绝的必要性，并在第一时间进行了反省。她询问了关键的问题，潜意识给予了正确的答案。接下来重要的是什么？是她马上就这么做了，没有迟疑，也没有反复。"

如果我们不能让自己当家做主，那么我们的心灵就永远是奴隶。我们的身体和人生都是别人的，是在为别人的世界而活；如果我们总是依赖别人替自己的人生做决定，所有的决定和行为也都将是别人的，而不是为自己的人生添砖加瓦！

所以，从现在起，不要再依赖任何人替你做出决定。在他们试图这样做时，毫不客气地说"不"，把他们从房间里请出去。你也不要再去模仿任何人，因为没有谁可以对你自己的人生负责——除了你自己。你可以在重大问题上征询别人的意见，但前提是，你有自己的想法，且已经有了明确的计划。

我能做什么样的事?

我的心理咨询顾问斯普卡沃经常提到一句话:"每个人都应诚实地面对选择。"意思就是说,人们在采取行动(表达想法或执行计划)之前,应先对自己的能力做出理性的判断,然后再针对性地执行聪明的计划,以接近完美地达成自己的目的。

这说明人们应了解自己"可以做什么样的事情",再去形成自己的答案。就像上司突然让你出差从事一项艰难的商业谈判时,假如你的能力是不足以胜任的,你就必须果断地拒绝上司——哪怕他会因此对你产生轻视,你也要诚实地面对这个现实,而不是掩耳盗铃。

很多人之所以"不好意思"拒绝别人,有一条重要的原因就是害怕被人轻视。员工害怕上司贬低他的能力,从此在公司没有好的发展;男人害怕妻子瞧不起他,因此打肿脸充胖子,结果让自己苦不堪言。

基于这样的心理,人们习惯性地跳进自己挖好的火坑。到最后才发现,原来这样做并不能减轻别人对自己的蔑视,反而会使情况进一步恶化。所以,做好能力检测并在合适的时机说"不",寻找正确的方向,才是我们每一个人应该采取的理性而务实的决定。

在不了解目标时，不要盲目地做出判断

不清楚自己的目标，就不要轻易地判断并做出决定，也不要盲目地制订计划。对于个人而言，最悲哀的就是他一辈子不清楚自己到底想要什么，因此也就很难左右别人对自己的印象，并无法分辨外界的意见是正确还是荒谬的。

这当然是对于时间的巨大浪费。现在，多数人长久地沉迷于"我不知道自己应该做什么"的状态之中，对于工作、生活、情感乃至自己的人生都感到迷茫。于是，他们就把希望寄托给了外力——等待某些外力来帮助自己目标明确。

于是，当他们听到诸如"你应该做这个""你最好做那个"的声音时，本能地选择了听从、盲从甚至无条件地不假思索地跟随过去。这是不少人从来都无法拒绝某些意见的根源所在。有一句话叫"经济不独立，人格不独立"，套用过来就是："目标不明确，方法不独立"。你总是盼望有人引导你，但结果是你失去了自我，也无法实现目标。

你的人生始终在等着你亲自动手，由你来掌握方向盘。没有别的办法，我们自己的人生就像一个生命体。她会思考，会一直等待，直到我们自己下定最大的决心。等待你的目标明确，然后由你自己亲手实现她的梦想！

必须知道目标与计划之间的巨大不同，并对此有心理准备

你要知道，自己的理想与实现理想的途径是完全不同的，这也是一种重要的能力，也可以说是"情商"。情商低的人混淆目标与计划的区别，经常错误地把两者混为一谈，也没有足够的思想准备去灵活应对生活中的各种变数。

当变数出现时，他们就慌神了："我该怎么办？"这时走过来一个人："你

应该听我的……”他们马上改变了计划，听从了这个人的意见。当另一个人提出新的看法时，他又倒向了另一边。

就像一架飞机，即便它有90%的时间都偏离了航线，但它总能在最后到达目的地。为什么呢？因为它知道目标的方向和飞行方向有时是不一致的，需要在飞行途中随时修正。即便偶尔偏离了航向，也不需要慌张，因为只要更改一下计划就可以了。

我认为这和我们每个人的人生计划和工作原则是一致的。计划的真实目的在于帮助你确信存在着一条可行的途径，而不是“固定的道路”。所以，在你发现计划必须进行变更时——比如在工作中，不要慌张，也不要急于求助别人，更改自己的初衷，而应静观其变。很多人总在这时犯错误，抵御不了旁人的干扰。大多数的失败者都是这样倒下的。

远离干扰决定力的一切

在去年的一次针对青少年群体的咨询活动中，一位广州的中学生打来电话，充满自责地讲了他在几个月前经历的一件事。在开学典礼的活动现场，他坐在后排正和自己的同学聊天。声音并不大，他认为不会影响大会的氛围，因为顶多只有身边的两三个同学可以听到。

但就在他说得兴起时，突然一个坐在身后的女同学冷冷地警告他："喂，你说话这么大声干什么？"

他说："我当时就降低了自己的音量，为的是不打扰别人。当天我回到家里还故意地小声说话。我知道大声说话是不对的，尤其在公众场合，但这是一件小事，同学和老师都没放在心上，只有我受到了影响，我是不是没有主见呢？"

在很长一段时间内，他都对此事念念不忘。节假日，亲戚聚会时，他有意识地控制声音；下课后和同学一起讨论刚看过的某个电影或某本书时，他也不自觉地细声细气，让同学感到甚为惊诧，对他突然的变化很不理解。

有一位同学嗤笑道："你难道变性了吗？"还有一位同学嘲笑他："你被一个女孩子吓破了胆！"他听了一阵脸红，无话可说。在电话中，他一直强调自己的尴尬——正是这种被人强制改变音量的尴尬使他有走向"心理懦弱"的可能性，这不是一件有趣的事，除非他可以迅速从中走出来。

这意味着，总有些突如其来的声音让我们改变既有行事方式并产生困惑，从而使自己的决定力遭受动摇。排除外界的干扰是一件相当重要但又敏感的工作，在每一个人生阶段我们都面临不同层面和不同等级的干扰，需要保持内心的平衡，避免它们左右我们的思想和行动。

（1）我们要确定哪些意见是可以听的，哪些又是需要斟酌的，而不是轻易妥协或发生摇摆；

（2）如何才能做到既听取了正确意见，又坚持了自己的原则？

（3）在拒绝和抵制干扰时，怎样不激化矛盾，与对方保持良好的关系？

这名中学生的困惑之处就在于，他明知自己未必有错，但还是被干扰击败了。而且，还受到了巨大的影响，以至于留下了浓厚的心理阴影——说话不敢大声了。这意味着他失去了自我，在这件具体的事情上被那位女同学"控制"了行为模式。

有时候，我们在生活中遇到的干扰本身并不是错误——比如善意的提醒，但不加以分辨地接受和不抵制，就是你自己的问题了。我们需要制定一个整体规划，来帮助自己排除干扰——这涉及你对自己的定位和对别人要求的理性判断，就像前面讲到的，我们的目标是否明确是关键。

如何才能排除干扰，释放我们意志力的自由？

1.你要禁止所有的无关事务的干扰

只要与此事无关的声音，都应把它们屏蔽掉。当你专心做一件工作时，就要关闭心门，凝聚思考力，让它专注在相关的工作之中，其他的一切无关信息都不应成为自己思考的对象。否则，就会干扰自己的决定力。

2.你要在处理一件事情时拒绝无关人士的联系

特别是当他们提出非专业意见，希望你有所考虑时。经常有人告诉我，他们的决定力受到了旁人的影响，被错误意见改变了自己的选择，而他却无力拒绝。许多人的意志都被无关人士主宰，这恰恰是一个人最大的不幸。听取专业意见，并拒绝无关信息的侵扰，这是我们必须做到的！

3.拒绝无聊言论在一件事情当中的传播

在决策时，远离杂乱和没有源头的信息，避免它们突如其来地影响你的判断，甚至改变你的主张。对于缺乏佐证的言论，我们只能用一种态度对待：置之不理，并绝不受它的控制。

4.必须按照自己的意志和安排向前进

你有没有想过生活失控的原因呢？你做事是否一贯缺乏计划？如果能够对自己的世界进行提前安排、拟定成熟计划，然后坚定地按照规划前进，就不会对未来产生不安定感，也就很难被旁人左右自己的意志力。永远以自己为主，遵守自己的计划，而不是听从别人的看法或跟随众人的步伐。

重要的事必须由自己决定

事实上，对于"什么是重要的事"这个简单的问题，人们也并不那么容易搞清楚——在这方面经常犯下离谱的错误。华尔街的操盘手梅克有着十几年的帮人代理投资和操作股票的经验，他十分了解那些股民是如何犯下致命错误的：在重要问题上将决策权拱手让出，从而完全受制于人。

他认为一个人（投资者）必须十分了解自己和自己的系统，这十分重要。他说："为什么多数的股民基本做不出良好的交易决策呢？为什么他们在听到错误的引导意见时不懂得拒绝，反而高兴地跳入火坑呢？实际上，他们是由于自己的策略太笨拙了，完全不了解自己，也不清楚市场。"

梅克讲到了一位"超级股民"的故事。他笑着说："我之所以称呼布罗迪先生为'超级股民'，是因为他是公司的大金主，每年委托给我管理的资金有几千万美金，但他对投资市场又一窍不通。我们都喜欢他，因为他太容易说服了。面对一个投资意向，一支走势不明的新股票，他总是随便地一挥手，'啊，你帮我决定吧！'"

布罗迪在波士顿经营一家PVC制品工厂，每年利润丰厚。他把所有的闲钱都交给了梅克，购买基金、股票等一切可能盈利的理财产品。并不是每一次投资都赚钱的，事实上真正赚钱的理财产品不到三分之一。但布罗迪没有主意："要把钱拿出来吗？不，这么重要的判断，必须由专业人士去做，我相信他们！"

他相信梅克，这正是他的致命失误。布罗迪没有考虑到一个严重的问题——是否做出继续投资的决定，不能由这笔钱的受益方来决定，而由他自己做出抉择。但问题是布罗迪缺乏投资头脑，也意识不到他已经违反了投资原则。

人们之所以把重要的事情委托给其他人——比如梅克这样的人，是因为他们根本不了解市场，也不了解他们自己。问题就来了，我们要想在拒绝别人时底气十足，把重要的事务全部交由自己决定，就必须提升自己的能力。因为人生的成败皆系于自身，而不是别人。假如你总把命运交到他人之手，那么即便你学会了拒绝，又有什么意义呢？你仍然不清楚"拒绝的权力"意味着什么，它对你没有丝毫帮助。

只有那些坚持了重要原则并使用了正确方法的人才可以尽可能掌控自己的生活，成为自己世界的主人。也就是说，你必须先了解自己，以避免最后输在自身，并提升自己的能力，然后掌握那些正确的方法。这时，当有人企图用错误的计划诱使你失败时，你可以迅速地避开并使他不会再想尝试第二次！这是因为：

1.将重大决定权交给别人是对自己的犯罪

人生中最重要的事情都必须由我们自己做出决定。但现实中，偏偏有许多人自欺欺人，在该开口的时候把权力拱手让给别人。他们不想获得信息，不想由自己做决定。这恰恰是对自己的犯罪，也是对自己人生价值的漠视。

2.冷静与坚韧的心态是如此重要

在长时间的咨询工作中，我们时刻强调控制情绪的重要性。因为这是大部分人在沟通中做出不理智或情绪化决策的主要诱因。这也是人们之所以在一气之下就屈从于错误要求的动机之一："我很愤怒，为了完成这种愤怒，我必须做出一个错误决定，以便让愤怒扩大化。"听起来很可笑，但我们的确会这么干。

在我们生活和工作所有的事情中，有时候会产生强大的冲动——凭借一时的情绪就将富有重大意义的决策权交付他人之手，或与友情之类的"欺骗性情绪"联系起来。恰在此时，是我们人生中最重要的时刻，也是成功者与失败者的分水岭。

第 三 课

交际恐惧症：
我为什么总是受别人影响？

　　开放心灵是一种困难之举。但不意味着必须一辈子缩在阳光照不到的角落里。一次不行，可以尝试第二次、第三次，直到适应并爱卜新的生活，建立新的习惯。

"我为什么一见人就脸红？"

北京的周先生年纪轻轻，今年只有25岁，就已当上中关村一家很有前途的创业公司的高管，年薪高达80万人民币，还在北京有了自己的房子。在旁人眼中，他的事业如火如荼，一片光明，是典型的凭借能力杀出重围的优秀男青年。但他却有一个很大的缺点：一见人就脸红，特别是见到陌生人和漂亮女孩的时候，这令人百思不得其解。

他觉得自己很不好意思，就好像身体的社交机制出了大问题，只要一想到和女孩聊天，也会突然凭空紧张起来。他说："正因为这种奇怪的心理，让我对于女同事的要求总是不好意思拒绝，也不太喜欢和她们长时间聊天。"

这让他在工作中吃了不少亏，尤其是女孩们利用这一点经常向他提出一些要求，比如无故请假——当面找到他时，他总是没办法拒绝，因为他为了平息自己的紧张情绪，就要耗费很大力气了。

和周先生相同情况的人，我见过不少。他们能力卓越但羞于交际，才华四溢却少人知晓。不管同性还是异性，他们都难得在交际时展现自己的本初，总让人误解自己的才能。还有些人则具有明显的内敛性格，平时在家滔滔不绝，洋洋洒洒、口出成章，一到交际场合就结结巴巴说不出个所以然。

有位咨询者说："我采取预演战术，出门前对着镜子训练胆气，但还是避免不了实战中的慌张。在家练得挺好，一见人就完了，大脑是一张白纸，有时甚至忘了自己到这儿来干什么！很糟糕，不是吗？我无计可施！"

害羞本是一种人际交往中的正常反应，我们年轻时（初恋）也常大感羞惭、脸红，但一般随着时间的推移就会习以为常，年龄的增大和阅历的增加，都会让这种情况逐渐消失。在成功人士的身上频频出现，还是比较少见的。这也是有些人不懂拒绝和不擅长拒绝的背后原因之一，不管他们有多么的出众。

害羞的具体表现：

1.由于缺乏一定的自信，因此特别注意别人对于你的评价，也极其在意自己在别人面前的表现。在自己脸红时，就感到非常尴尬，但又无法避免。

2.害怕别人会因此议论你，非常希望不要再害羞，这已经成了你挥之不去的巨大心病。

3.只要与人交往，就开始担心自己会脸红，并害怕由此犯下其他错误，影响到自己的沟通和表达的勇气。时间一长，你大脑的相应区域就形成了一个既定的和固定的兴奋点，只要一见人，进入到社交环境，你就感觉脸上发烫，内心不安，情绪很焦虑。

4.如果再有人们对你议论或讥笑，你会更加紧张不安，于是就形成了"脸红恐惧症"。

人们此种表现的心理根源是什么呢？

在"脸红恐惧症"拥有者的身体内，总是存在着一场24小时都在厮杀的心理大战：这是两个不同的"自我"之间的战争——其中一个"自我"是害羞的，是懦弱的，是不知道如何拒绝和克制的；另一个"自我"则试图改变这种局面，强迫大脑去纠正错误，改善这种状况。它们两个互相争斗，攻击，始终分不出胜负，而他们也就在这种纠结中变得恐惧社交和害怕走出去。一旦暴露在公众场合，他们就失去分寸，不知如何应对他人的要求。

因此，他们感到生活真的是太累了，社交也是一件沉重的事。他们为了逃避社交和冗长的沟通，往往在你提出要求的第一时间，就赶紧答应你。并不是因为他不想拒绝你，或者不懂拒绝，而是他实在忍受不了沟通的过程，也缺乏沟通的勇气和技巧。在他们身上，同时具有社交恐惧症和强迫症的心理障碍。这种情况，往往是同当事人的性格习惯有关——他们通常是比较敏感的人，也是较为在意自身形象的人。如何避免见人脸红呢?

1.首要前提是培养自信心

不管怎么样，我们都要进行自信心方面的训练。人不自信，做什么都没效果。特别是容易脸红和为了逃避社交而答应不合理要求的人，他们多数是对自己的沟通能力和形象缺乏自信。在内心，具有深深的自卑感。所以加强自信心的培养是第一个功课，只有克服了自卑感，才能顺利地进入下一步，否则什么方法都可能无效。

2.试一下深呼吸的效果

当我们估计或感觉到自己马上产生紧张情绪时，立刻强迫自己做数次的深呼吸。要有节奏地去做，每次不能低于10秒钟。这样就可以帮助缓解情绪，增强表现自己的勇气。

3.时刻为自己制造安全感

方法是在自己感觉有些紧张时，立刻去握住一样东西，比如一本书或一支笔，使其分散注意力并形成习惯，然后从中体验到一种安全感。当这种习惯建立后，就成为了身体的信号，确立为体内的反应机制，可以大大减少紧张的状况发生，帮助自己从容应对突发情况。

"我害怕和陌生人交往！"

半年前，居住在旧金山的华裔职员宋先生写来了一封邮件，详细讲述了他的苦恼。和周先生比起来，他的情况显然更为严重，已经影响到了他整体的社交状态和事业的好坏，还因为对于交际的恐惧被上司叫过去谈话，督促他必须加以改善，否则将重新考虑他未来的工作合同。

他在信中说：

在很小的时候，我感觉自己就是一个内向和自卑的人，不管大人要求我干什么，我就算再不想也会答应，没有勇气说出那个"不"字，我也很少去找其他的小朋友玩，在中学也没交什么朋友。读了大学以后，我的情况有所改善，比如感觉自己开朗了一些，也交到了女友，参加了一些社团组织。

但这时，我却发现了更为严重的问题。因为我太过于注重别人对自己的看法，对于别人和我说话时的反应经常很敏感。别人的肯定会让我喜悦不已，而他们的不认同则会让我心情失落。与此同时，我把自己固定在一个熟人的圈子，害怕去见陌生人，甚至对于好朋友的好友，我也感觉不好意思。

由于这种害怕不被认可的心态，我在遇到和别人意见相左的时候经常无缘无故地放弃自己的想法。比如在开会时，虽然我制定了详细的计划，对某个论点有充足的论据，但只要客户或同事一坚持，讨论不了几句，我就败下阵来，根本不能坚持自己的观点，反而很快就听从了对方的意见。我不知道如何说服别人，也不懂拒绝对方的无礼要求，尤其对于陌生人，我简直毫无抵抗力。事后才会觉得自己没有主见，从而产生强烈的自责，越来越陷进了一种情绪上的怪圈。

虽然宋先生清楚地知道，解决问题最好的办法就是不要逃避，要勇敢地去面对它——这个道理似乎人人都知道，但思维定势和惯性习惯使他无法从中摆脱出来。他不但害怕去见陌生人，而且也不敢在公开场合上演讲，羞于与女同事聊天。虽然有着体面的工作，较高的收入，形象也不错，但他自从和大学的女友分手后，至今没有交过一个女朋友。

每次参加公司的商业聚会，碰到与客户协商一些对双方而言都利益攸关的议题时，他的脑袋就开始犯迷糊，始终有一个声音像背景音乐一样在不停地播放着同一种问题："为什么我这么笨，为什么对方的思路这么清晰？人家一定不喜欢我的看法，我还是不要据理力争了吧？干脆同意他算了！"

宋先生对我说："我很想改变自己，但我不清楚自己为何变成了这个样子，因此我每一次的努力都感觉如泥牛入海，没有取得什么成效。请问，我到底该如何处理呢？"

在遇到陌生人时，你会感到自己非常紧张并且脸红吗？

当有人邀请你去参加陌生人较多的聚会时，你会很为难地说"不"或者毫不犹豫地拒绝吗？

你在下班后的第一选择总是一个人待在家里看电视、无聊地上网浏览新闻和打游戏吗？

根据我的调查，80%的人或多或少都会有这种感觉和倾向。他们不想与陌生人交往，只想跟熟人沟通；也许年龄还不到30岁，他们就已经将自己牢牢地锁在了一个熟人的世界中，对于外界的邀请，他们的回答是否定的。

改变的开始永远与内省有关——这是我对宋先生的建议：你必须坦诚地接纳自己，首先承认问题已经发生了，告诉自己："我不是一个善于表达的人，我缺乏坚持的意志，也不具备拒绝的勇气，我总是害怕陌生人……但我允许自己有这样或那样的不完美。"

当你能够接纳自己也只有完全接纳时，对于改善你的"社交恐惧"才是一个良好的开端。没有接纳，就没有改变；没有接纳，就没有纠错。在我们经手的上万起案例中，所有的可以获得真正改善的人，都是从原谅自己做起的。只有对过去忘怀，才能开启新的开始。世事均如此，难道不是吗？

"我不喜欢热闹"

我的朋友朱先生是华尔街一家基金公司的负责人。他是那种十分安静且有严重的孤僻倾向的"成功者"。在我们7年的友谊中，我已经记不清他对来自外界的邀请说过几次"不好意思"了——人们不停地邀请他出去聚会，而他则不停地说"不"。然而，这种拒绝并不是我们推崇的，因为他拒绝的其实是自己走向幸福的通道。

他说："曾经有一位客户一再邀请我出去吃晚餐，已经是这个月的第9次邀请了。我感到很高兴，因为我第一次有强烈的意愿进行社交交往，并且惊讶地发现自己已经有四个多月没有参加过这种私人宴请了。他计划先和我一起去吃饭，然后去市内的酒吧坐坐。我同意了这个计划，但在出门前的两小时，他告诉我说会有他的几个朋友一同去。听到这句话，我顿时兴趣全无，觉得十分不安。我的心跳速度加快，也没了出去玩的动力，因为我一想到要与这些陌生人握手，或者几个人在一起热闹的场景，我就有颤抖的冲动。"

对这个善意的邀请，为了找到一个应对的方法，朱先生可谓做到了绞尽脑汁，他苦思穷想，也找不到能够完美解决的办法。最后他只好再次婉拒了客户的好心。朱先生又一次向内心的恐惧心理屈服了。

"当天你是怎么度过的呢？"

"我独自待在家里，叫外卖，吃完饭就看报表，然后走进卧室，蒙头大睡。从此以后，那位客户再也没有邀请过我共度晚餐或者参加其他的什么活动。"

这让我想起20年前自己刚开始奋斗时。一份薪资不高的工作，一间廉价的公寓，加上枯燥无比的生活节奏。我每天的日程都排得满满的，每分钟都给自己安排了既定的工作，唯独没有社交活动，从不参加聚会。

当朋友打电话邀请时，我总是说："喂，不知道我在写文案吗？"

"嘿，你每天都在写文案，你连太阳都看不见了。"

没错——奋斗初期的人们总是不喜欢热闹，就连阳光也感觉不出美好。和我一样，他们把全部精力都投入到工作上，没有一点心思是用于放松的。有的人可以走出来，事业小有成就后迅速投身到外部世界，融入生活；但有的人则在这个时期养成了坏习惯：已经适应了安静，无法应对外面的喧嚣了。

对许多人来说，结识新朋友确实是一件相当可怕的事情——比如朱先生。他和我的友情地久天长，但他和陌生人则是没有来电的可能性。之所以这么做，是因为他的内心同样藏着一只魔鬼。出于表达的障碍和决策机制缺陷，他对社交感到深深的不安，因为他实在不清楚如何回应陌生人的请求。

开放心灵是一种困难之举。但不意味着必须一辈子缩在阳光照不到的角落里。一次不行，可以尝试第二次、第三次，直到适应并爱上新的生活，建立新的习惯。为什么我主张人们爱上热闹？因为这除了能锻炼交际能力，还可迅速地提高我们应对复杂情形的反应能力，让你在最短时间内就清楚对方意图并做出最佳判断。

别想太多，先走出去再说

走出去的重要性——如果只是躲在家里，不去进行实际的接触，在沟通和交往中发现弱点，训练自己的长处，你将永远只能与自己对话（你能做的只能是不停地拒绝自己，变得越来越软弱）。因此，要战胜自卑与脆弱，就要简化思维，从自我防卫的状态中走出来，再走出自己的房间，亲身体验和改进自身的"交流策略"与"拒绝机制"。

案例：逃避意味着你将永远孤僻下去

孙先生目前是南加州一家公司的华人雇员。从小到大，他的世界就像一张白纸那么简单。他不愿意认识太多的朋友，与家人从来不多交谈。就像他的父亲说的那样，一回到家，他就躲进书房读书，也很少接听外界的电话。每当父母要跟他谈一谈时，他的理由从来不变："我还要看书呢！"

在公司的表现又是什么呢？他的上司爱德华不满地说："这个人真是怪物，让他干什么就干什么，从不提出反对意见。看起来是挺听话，服从力也高，但也因此毫无创造力，没有主动精神，没有高效率的工作成果。所以客户对他的反馈非常坏，认为他是一个沟通不积极、也缺乏建设性意见的人。"

孙先生没有女友。他在美国参加过几次相亲，都以失败告终。因为对他来说，相亲是一种巨大的痛苦。坐在咖啡厅，还没见到对方时，孙先生就开始变得很不自然了。再过5分钟，他甚至开始冒冷汗。看到女孩进门时，他可能已经全身湿透了。

接下来发生的事情我们很容易想象到，女孩从见到他第一眼起，就对他留下了很差的印象。没几天，他就大名远扬，再也没人愿意和他相亲了。因为人们早就听说他是一个怪异的家伙："难保他精神没有问题，我敢肯定他是一个变态！"这让他更难有安宁的心境。

分析：害怕被拒绝，因此不敢"出门"

孙先生对于门外的世界表现得处处回避，以逃避的态度掩盖自己的缺点，把"不好意思"埋葬在内心深处。生活对他来说已经失去了追求的价值，他不觉得生活是享受，反而认为是一种折磨。因此，所有希望他走出房门的要求，都是被他激烈抵触的。

大凡这一类型的人群，他们的性格往往既内向又自卑，有着较强的自尊心。他们害怕被别人拒绝，或者对于自己的形象和谈吐没有信心，也不懂得怎么与别人周旋，捍卫自己的"领地"。这类人多数在小时候就喜欢独来独往，也曾经有过失败的经历，且一直在回忆中驱之不去。所以，对于社交或谈判，他的印象都是负面的，也是灰色的。

基于此，他学会了和生活、和别人保持遥远的距离：关闭房门，再拉上帘子。但越是这样，情况就越加严重。解决办法只有一个，那就是别再沉溺在这些恐慌和无措之中，先走出去再说，让自己在实战中捶打，在现实中寻找自己的立足之地。我们人生中的很多事情都是这样的——只有行动起来才能找到办法，而不是每日坐在床角牢骚满腹却又止步不前。

在进行第一步时，我的建议是，你不要未做任何准备就去尝试。勇气虽然重要，但只有勇气的话可能让事情更加糟糕。我们有太多"血淋淋"的例子可以证明这一点。在生活中，在工作中，在家庭或商场，这样的例子比比皆是。那些只带着勇气走出家门，闯进陌生场合训练自己交际能力的人最后多以失败收场。他们撞得头破血流，性格反而更加软弱了；他们缩回刚迈出一步的双脚，比过去更为沉默地将自己锁进了房间。走出去需讲究的方法：

1.你应该与身边最信赖的人多沟通。

从他们那里汲取教训和经验，比如学习表达的技巧，懂得如何在交际中保护自己，以及判明哪些要求是会伤害自己的。

2.你应该先调整好自己的心理状态。

拥有平和的心态，真正地明白人与人之间的交往不能把焦点放在对于自我的幻想之上，而应尊重现实，接受现实，然后再去改造现实。

3.你应该不断地给予自己鼓励。

检查过去一周内自己的所作所为。比如："我是否又说错话了？""我是否又在社交沟通中失去了勇气？""我是否又一次在关键时刻张不开嘴？"再分析为什么出现这些行为，督促自己调整策略，为下一步做好准备。

你确定对方不紧张吗?

换位思考——如果你实在不清楚自己应该做些什么,这时可以直接跳到第二步(或从第一步过渡至此)。你换一个角度去考虑这个棘手的问题:"是的,我很紧张,我很怕他,不想破坏双方的关系,对这事儿我感到很难办!但是,对方难道就很轻松吗?可能他也和我一样,正怀着忐忑不安的心情在我面前如热锅蚂蚁!"这一步是教你将仰视转变为平视,如此就能最大限度地降低紧张度,从容采取应对。

案例:越紧张就越不好意思

在大学毕业晚会时,作为很多人眼中的佼佼者,平时不怎么说话的海伦代表第一次上台发表自己的感慨。她此时志得意满,但是一个意外改变了她的人生。在向演讲台走的过程中,她不小心被台阶绊倒在地,引起同学们哄堂大笑。一直很注意自己形象的海伦下意识地重新站起来,假装着异常镇定地走到讲台上开始演讲。但是台下又是一片喧哗,因为她一时大意,念错了老师的名字。

这是失败的一天!对海伦来说,直到多年后参加了工作,她的内心仍然抹不去这个阴影。特别是在特定的场合来临之前，她就开始不由自主地焦虑，一点也控制不了自己的言行。每当此时，她就像突然失去了自我，完全变得没有主见，也没有头绪。比如前阵子公司召开一次较大的会议，上司让海伦代表本部门向董事会做汇报。海伦刚说了几句就声音发抖，越紧张就越说不出话。

她说："无奈之下，我只讲了2分钟就停下来，几乎是掩面而出，之后也主动辞职了。在我走的那天，没有一个人送我，上司懒得见我，也不想再理我。"因此她特别希望改变，想找一个正确的步骤来重新找回信心。

分析：确立优势心理，并平等地处理双方关系

很显然，那一次不光彩的经历确实给海伦留下了很深的阴影。在之后的日子里，她努力想改正却一直无从入手，也找不到合适的办法。而失败的经历就是一粒随时会萌芽的种子，一有机会就破土而出，让她功败垂成，比如公司汇报会。由此可想而知，海伦的痛苦是很深重的。加上她沉默寡言的个性，平时又不愿意对人诉苦，而将它埋在内心的深处，这就是造成她越来越严重的社交障碍的重要因素之一。

在我看来，海伦的这种表现只是因为自己没有进行换位思考，也没有确立一种优势心理。比如在上台演讲时，想一想如果自己是坐在台下的同学会怎么样呢？那些人一定是抱着羡慕的态度来看待自己的："瞧，那个家伙真棒！我可没有这样的机会上台演讲！"在公司开汇报会时也是如此："我的确紧张，但没有机会的同事一定很羡慕我吧？他们才是应该紧张的人呢！"如果有了这样的态度，我们的心态就从容多了。

所以，对于第二步策略，我的建议是，要真实地分析对方，并客观地看待你

与他人的不同。比如，海伦要理解这一步的实质，就是明白一个人自卑的原因其实是自我要求太高了，而不是自己真的不行。因此不能强求事事都要做得非常完美，要有一种顺其自然的心态，才能最终收到好的效果，逐步走出阴影，让自己变得自信而又果断。

从最令你畏惧的人开始

攻克最强的障碍——为自己树立一个靶子：他是你最不想见到、交流甚至了解他任何一丁点消息的人。他令你害怕、敬佩、恐惧乃至讨厌都可以。然后向他学习，主动和他交流，让他的新闻和影子全面渗透你的生活，每时每刻都摆脱不开他。但你必须适应他，并最终变得毫不在意。这意味着你一开始就向隐藏在你体内最强大的心理敌人发起攻击。一旦攻克这一点，你就可以获得全面的胜利。

我问朱先生："告诉我这个人是谁？"

他想了很久，事实上他早有答案，只不过一直在回避。他说："公司的财务副总监詹妮，她是我最怕的一个人。我真的不想见她，已经躲了她两三年了，我害怕与她擦肩而过时的眼神。每次看到她，我都像被刺刀捅了一样，好几天缓不过神来。这也让我没有勇气参加公司任何聚会，因为她也会参加；受这种心理的影响，我连其他的邀请也都不想去了，只想躲在家里，一个人喝杯啤酒。"

"为什么怕她，告诉我？"

再次聊及此话题时，朱先生才对我揭了"老底"。这是他的心魔，因为三年前他与詹妮曾经有过一段感情。那时詹妮还没有升职，只是财务部门一名普通的雇员。两个人爱得死去活来，在纽约租了一间房子同居，过起了男欢女爱的伴侣生活。詹妮一直催他尽快见一见双方的父母，以便约定婚期。但在最后时刻，朱先生退缩了。

"我突然感觉自己没有准备好，还不到结婚的时候。我的事业刚起步，没做成几个大单；我的经济情况一般，还没多少存款；我的未来也不确定，还没想好是留在美国或是回中国发展……当时许许多多的因素阻塞了头脑，让我做出了分手的决定。"

"你拒绝了她？"

"是的，我拒绝了她结婚的请求。"朱先生痛苦地说，"分手后，我始终觉得这是我犯下的巨大的错误。辜负一个善良的女人是可耻的，从此我就尽量避免对别人说'不'，也尽可能地不让我自己暴露在交际场合。当然，我也避免再见到詹妮，她的眼神充满鄙视。不管以后怎么样，这都是命运对我的惩罚。"

于是我对朱先生提出的第一个建议，就是安排一次约会——他必须主动地约詹妮出来，一起吃饭。他必须这么做，和詹妮解开心结，或者互说原谅，或者再次和好。无论哪种可能性，他们都需要扫除心中的阴影。事实证明，他迈出这一步后，和詹妮的关系得到了改善，而他也在两个月后开始恢复了自己的正常生活，重新活跃在社交场合。

让你平时最畏惧的人，来当你的"拯救者"。请相信，这是一个绝妙的而且能够迅速见效的办法。我们在无数次的试验中都见识到了它的神奇效果；当你向那个人迈出第一步，说出第一句话的同时，你会惊奇地发现自己离内心的"魔鬼"已经越来越远了！你全身出汗，但这是释放出的积极能量；你脚步轻松，这是你走向新生的开始！

效果：重塑自我，解放自己的心灵

我们在一生中总要解决一些重要的关系，其中就有一条关系是非常重要的：我们与自己内心的关系。一个人只有解决了这种关系，他的一生才会真正地幸福快乐。但与此同时，我们与内心的关系又是极其复杂的，如果没有良好的自我调节能力，就很容易给自己的内心上锁，把心灵锁在了一个封闭的监狱中。具体表现在，我们明知自己十分有能力，也会不敢于表达，不敢于释放潜能。时间久了，就会导致人格的扭曲。

在我看来，无论一个人是否拥有交际恐惧，都十分有必要给自己找一个最畏惧的目标（最好是一个令自己万分佩服但又有些害怕的人），然后每天就像运动员一样，不断地向他请教，同时又不断地向他挑战，以此来锻炼提升自己的心智，提高自己的意志力。不管是比你强的人，还是令你感到惭愧的人，都能起到这样的效果。

这可以克服自己的软弱心理，增强自信心。通过向强者的挑战和学习，可以增加自己的强者气质。由此，软弱的心理就随之克服，信心也会得到加强。

这可以让你认真地倾听他的专业意见。一个令你畏惧的人，他也应该是一个成功者，有很多你不具备的见识和能力。你可以向他请教，从而缩短自己成长和成熟的路程，获取人生的裨益。这当然是一件很好的事情。

这可以为自己树立一个优秀的榜样，使自己拥有一个奋斗的目标。这等于为自己的短期甚至长期的人生阶段寻找到了一个终点，也顺利地帮你拟定了人生理想。这可以转移你的注意力（使情绪不再放在担忧或恐惧上），集中自己的兴趣爱好，全力提高自己的工作能力。这对于我们的人生有着全方位的好处。

每周一次"交际练习"

重复练习——找到了正确的解决办法不意味着你已找回了拒绝或肯定的勇气。你仍然需要把适合你的方法坚持下去。你必须重复训练，就像进行一场马拉松长跑，跑到终点的过程是漫长的，你要告诉自己每一分钟都必须警惕"恐惧"卷土重来。

在练习过程中，你要不断地告诉自己，这种对于社交的恐惧是可以消除的，对于拒绝的畏惧是可以战胜的。在每周都重复训练的程序中，正确地认识人与人交往的方式和心灵感受，掌握那些必要的方法。

重复练习是为了彻底查找出令自己产生社交恐惧的事物的种类，然后挖掘隐藏在我们心灵深处的根源。这种练习有两种方式：

1.你可以在一个假想的空间里，不断地模拟自己发生社交恐惧的场景和形式，比如什么时候你会哑口无言、说不出自己的观点呢？在威严的领导面前，在性格有些霸道的女友面前？把这些场景重复设计，将自己融入其中，不断地练习这些情况发生时的应对计划，并且要不断地鼓励自己勇敢地面对这些尴尬瞬间，以便在假想中适应这种产生焦虑紧张的环境，使一些正确方法变成习惯，融入自己的本能。

2.现实情景的强迫疗法。就像我对周先生和海伦建议的那样，我让他们先站在车水马龙的大街上，主动地对陌生人打招呼。在适应以后（不感到紧张和脸红时），再去择机参加有陌生人的聚会（可以是商业性质的，也可以是私人性质的），在聚会中发表自己的观点（必须是与其他人看法不同的观点），进行适当的拒绝训练（拒绝同意别人的看法，并努力说服对方）。这能迅速地战胜自己的畏惧情绪。在每次训练结束后，都记得要给自己一定的奖励——比如第二天可以放松一下。

检测我们内心的交际恐惧，只需要自问三个问题：

（1）"你会因为在别人面前觉得害羞或者不好意思，就不和对方说话或者对于他人的要求很难第一时间拒绝吗？"

（2）"你会不想成为大家注意的焦点吗？"

（3）"你会害怕被人评价为笨蛋或者担心自己看起来很内向吗？"

如果在上面的三点中，你至少具备了其中两点的话，表明你很可能已经染上了交际恐惧。那么，当这样的情形已经让你开始想躲在家里、不希望与陌生人接触或逃避沟通时，你可能就需要进行必要的改变了。

CHAPTER FOUR

第 四 课

建立底线思维:
有原则就敢于拒绝

底线思维不是方法问题,而是一个"观念问题"。它是在从做人、做事两个方面告诉我们不论任何事,都要从坏处做准备,努力争取最好的结果。

你是"一退再退"的人吗?

问题一:我为什么要对不懂得拒绝的人推荐"底线思维"?

因为底线思维并不仅仅是一种思维技巧和管理常识,还是处理各种利益问题的基本原则。它通俗易懂,也易于掌握。大凡拥有这种思维技巧的人,一般都能够事先做好预案,认真地计算风险,估算可能出现的最坏情况,并且可以接受这种情况。在这个基础上再去处理问题,比如谈判或管理,就不会没有原则地妥协了。

华盛顿商学院的讲师凯莉女士与我有8年的合作关系,她一直致力于底线思维在各领域的应用研究,特别是个人交际领域。"是否具备底线思维,将会影响我们的生活态度和工作成果,也会决定我们的人生原则,决定我们在朋友圈中的地位,在上司和下属心目中的形象。底线思维能够提供你继续前进时所必须拥有的坦然和镇定,让你有担当的决心和意志力,能够果断地承担风险。但如果没有底线思维,做人做事不讲原则,人们就不能轻易地做决定或承担风险,有时可能处于一种犹豫不决的状态很长时间,也仍然无法得出结论,采取行动。"她说,"最明显的表现,就是人们既不懂拒绝,又不知如何确定。"

凯莉认为,这种情况的出现,常常是由于我们害怕对于未知的事件承担责任引起的。这也是为什么有些人对于相反的观点或立场不敢置评，对于别人的要求不好意思拒绝的原因之一，因为他们不确定这是否正确。此时人们就会这样想："既然我不确定，又何必拒绝呢？万一我的想法是错误的，那岂不受人耻笑？"

问题二：告诉我，你现在是那种"一退再退"的人吗？

我的一个学生桑蒂，现在是谷歌公司的员工，年薪20万美元，人生处于春天。但在3年前，她的世界并非如此。"那时我的状态糟透了！"桑蒂说，"我就像一只风筝，被风吹着走，被任意的人牵着走，被陌生人赶着走，被家人喊着走。我没有原则，是一辆没有方向盘的汽车，一架没有导航的飞机。或者，我的原则就是，谁拽我，我就跟着谁。"

无论是生活还是工作，20岁出头的桑蒂总是退了再退，对她来说没有墙角，也没有最后一道线。男朋友想去非洲工作向她征求意见时，她虽有安全担忧却没有勇气拒绝，于是7个月后失去了他——在利比亚被杀；父母想让她在华盛顿工作，她虽不喜欢但也没有拒绝，于是在一间枯燥而无乐趣的办公室空耗了1年半的光阴。

在那些日子，桑蒂每天都无精打采，感觉一切都是灰暗的。人们觉得世界很精彩，但她却认为没什么意思，因为每天的生活都不是由她决定的——她在履行自己不喜欢的仪式。她一度陷入抑郁的边缘，认为男友的死是自己造成的："如果我当时拒绝他的想法，尽力挽留他，他一定不会走得这么匆忙，甚至可能答应我的请求。那样他就不会死了。"桑蒂有段时间靠吃安眠药才能入睡，也请假很长时间休息调整，但效果都不好。

直到在华盛顿的一次课堂上，她遇到了我，和我有过一番谈话。然后参加了我的几次咨询课程，桑蒂才做出了改变的决心：

"从今天开始，我要找回失落的'自我'，谁也不能再侵入并主宰我的生活了！"她退到了最后一步，然后成功地阻止了倒退的步伐，不再接受任何人的驱使。她辞掉工作，拿出了半年的时间充电、选择，最后终于找到了自己喜欢的事业，也在自己喜爱的城市定居。

在每天晚上临睡前，你可以问自己5个问题：

(1) "我今天又放弃了哪些决定权？"

(2) "我今天对别人退让了吗？"

(3) "这种退让合适吗？"

(4) "我今天有没有坚持过自己的立场？"

(5) "明天我应该怎么做？"

你要诚实地回答这5个问题，最好把它们写在纸上或写进日记。接下来要做什么？就是在每一个问题的下面注明将来应该采取的方法、站定的立场，拟定计划，坚定决心。在第二天晚上临睡前检查自己的这些总结，看看完成了多少，有哪些再一次遇到了困难。如此反复下去，就能彻底地认清自我，巩固成果。

如果你总是一退再退，那么现在就要看清这么下去的危害：

(1) 你可能在别人眼中是一个"好欺负"的人，大家对你的强硬将形成共识，甚至成为一种集体习惯。也就是说，人们在需要有人退让时，就会第一时间想到你，并且一致决定牺牲掉你。

(2) 你的潜意识将把自己标注为"必须退让"的人，你自己形成了退让的意识习惯，也产生了退让的行为本能。那么长此以往，你的利益会一直受损，甚至偶尔你说出"不"字时，连你自己也很不适应。

凯莉最后对桑蒂的案例总结说："要避免这样的危害，一个人就必须设置某些底线，或者为自己安排一道最后的'战壕'，明白无误地告诉自己，当退到这一步时，就不得再后退，而是必须拒绝对方的前进，或者干脆强力地反推回去！"

红线意识：有些事情不能妥协

既然核心是"做人做事必须要有一条坚硬的原则"，那么底线思维就要求我们在处理生活和工作中的各种问题时，果断地为自己建立一条"最低防线"，也就是要有红线意识。这就像一支军队在作战时，指挥官会在战场上为本方阵营设立一条外围阵地——假如这道阵地被突破了，就将引发一系列的连锁反应，造成极其恶劣的后果。比如，就会使自己一退再退，直到最后退无可退，所有的"领地"都被别人圈占了。

实质上，它是一种科学的思维方法，也是一条人人都应遵守的做人原则。因为底线思维能够帮助我们着眼于负面后果，而不是先盯着正面的成果。在说话、做事和思考之前，要先建立强大的防范体系，来制止可能的风险。也就是说，先做好"拒绝"和"失去一切"的准备，再去追求最好的结果。

2013年3月份，我去香港帮助一家公司进行中层干部的心理培训。开会时大家都没说什么，面对我提出的问题，表现得比较拘谨。但在会后，却有位姓蔡的经理打电话给我，约我晚上私下谈谈，地点是铜锣湾的一家咖啡厅。

到了以后，我发现蔡经理和白天的状态大不相同。在会议室时他坦然自若，谈笑风生，好像根本没有什么工作上的心理问题。但此时，他却有些萎靡不振：

"周老师，您讲到一个人必须让自己'好意思'，要让自己有原则。我恰恰这方面做得太不够了，最近有件案子，我快被自己折磨死了……"

蔡经理一边喝咖啡一边讲。10分钟后，我听明白了事情的原委。董事会交给他一件与新加坡客户的谈判案子，但却没给他透底。即最低的条件是什么，完全靠他自己去判断。蔡经理恰好是一个十分缺乏预见力和谈判技巧的人，因此这是一次巨大的考验。按他的话说："谈好了是大功，谈不好就得走人。"

带着如此矛盾的心情，蔡经理已经和新加坡来的客人在酒店谈了七八天。从谈判之初的唇枪舌剑，到今天的节节退让，他感觉这简直就是一场羞辱大会："对方完全吃准了我的底牌，知道我没有从董事会拿到指示，所以不停地提出新的问题，价格已压至最低，而我则无力回旋了。"

我问他："合同拍板了吗？"

他急忙说："没有，只是一个草议，但我已无勇气向上提价。我想，这次我在公司的前途已没了，只要报上去，我就死定了！"

我对蔡经理说："很简单，你一会儿就给客户打电话，告诉对方，你对这桩合作有了新的想法，因为你重温了所有的因素，发现了一些新情况，因此你认为条件最低是多少多少，报给他们一个数字。你要声明这个数字是不能跨越的，是你能接受的最低价格，且没有任何谈判的余地，然后你让他们明早给你答复。我相信，你有很大的机率等到一个满意的答案。"

"呀，就这么简单？"

"对，既然没有尘埃落定，就给对方重新画一条线，这不是什么难事。难的只是你的心里过不去，是不是？"

蔡经理同意我的看法。是他自己不好意思，并非事情没有挽救的余地。30分钟后他打了这个电话。果然，次日上午9点钟，对方给他回复：原则上同意这个价格。

如果他早就有底线意识，提前在自己心里画好一条线，他这桩谈判就不至于这么艰难了，也不会到最后只得到一个"基本"满意的结果。因为我们设立红线的最终目的，不是为了满足这条红线，而是提醒我们在防范的同时去进行积极转化。

虽然我们是向坏处准备，但实质却是向好处努力。也就是说，拒绝是为了达成，不后退是为了共赢。掌握了这种思维方法，估算可能出现的最坏情况，我们就能做到认真评估自己决策和处事的风险。这样一来，我们才能处变不惊，守住自己最后的防线。

1.自尊的底线——拒绝贬损最起码的自尊

牺牲自尊去同意别人的要求，这种事是绝不能干的。保护自尊心，是我们的第一条红线。但现实中偏偏许多人，都在出卖自尊满足他人，于是自己痛苦不说，还收不到好的效果。所以，第一原则就是与自尊相关的。一旦感觉到自尊受损，应合理地拒绝，然后再谈其他的问题。

2.效率的底线——拒绝增加沟通成本

我们与别人的沟通还存在一个效率的问题。也就是说，即便我们没有损失尊严或利益，但时间的冗长也会造成额外的损失，使双方迟迟解决不了问题。牺牲效率在工作中是不被允许的。这时，你就必须督促对方，引导对方，来进行理性和及时的沟通，迅速达成协议，或终结对话，而不是无休无止地被对方牵着鼻子走。

3.利益的底线——拒绝出让关键利益

某种程度上，我们生活和工作的终极追求，就是实现利益的满足。任何人都需要学会关注自己的短期和长期的利益，并且确保自身"最低利益"的实现。在对方的要求跨越这条红线时，你就应果断拒绝，不要再退。比如合同条款、工作回报等功利性极强的问题，一旦画好红线，绝不妥协，并让对方尊重你的原则，也尊重你的利益。

必须考虑最坏结果

在旧金山的一次商业聚会中，有一位公司的总裁霍利尔先生对我说："我是一个很有风格的人，我总是愿意看到事情的最高点，并采取一切有力措施来实现它，你要知道，我是天生的乐观主义，我不会总盯着下端，不会每天都想着哪一天我的公司会破产，哪一桩生意会出现问题，因为我不允许自己的计划和决定受到质疑。"

听了他的这段话，我感到很奇怪，就问他："如果乐观能够帮我们搞定一切结果，那么我们大家都乐观好了，这个世界也就没有饥荒，战争也不会爆发，企业也不会破产，人们也不会失业。请问，在上世纪即使最乐观的人，他们预防了1921年那场史无前例的危机爆发吗？您要知道，正是由决策者拒绝听从最有益的建议，以及拒绝听信悲观的预测，拒绝设置最低的防线，才导致了最严重萧条的爆发！"

他是我和凯莉的客户之一，早在7年前，就曾经请我们为他的公司制定工作心理学课程和情商培训计划，提升员工的紧急状况应对能力。在闲聊时，我们谈到了经济形势，以及没完没了的生意客户的合同。我告诉他还有新一轮的金融危机可能发生，因此他有必要推掉一些过于冒险的生意，而不是照单全收，以便应付"可能发生的最坏形势"——尽管当时看起来还没有那么严重。

霍利尔的过分乐观导致的对于风险的零判断能力使我感到遗憾。我当时对凯莉说："这个家伙是一个很难拒绝诱惑的人，与此同时，他也难以逃离陷阱！"

事实证明，他后来果然遇到了大麻烦。在全球经济出现问题时——房利美宣布破产保护之时，他的公司已经在最近两年中损失掉了超过3亿美元。而在今天，他正面临董事会的"驱逐动议"——股东集体对他投下不信任票，霍利尔也就很可能从此失去其最大股东的身份。

想一想最坏的结果，其实并非是什么坏事，也不会带来沉重的心情。因为乐观主义虽然可让人攀爬得更高，但却不能救人于水火。尽管人人都向往乐观，但乐观在多数时候其实也会"害人不浅"。

那么，到底什么能把你从"水火"之中救起呢？除了乐观之外，最重要的当然是你事先的准备——你有没有提前想到这样的结果，做好如此糟糕的打算？

对于一件事情，只有你提前想到了最坏的结果，才有动力在它发生之前就果断拒绝，才不会跳进一个显而易见的火坑。因为只有对最坏的情况做到了充分预估，我们才能调动相应资源，做好善后计划，并在此基础上追求更好的结果。这并不矛盾，做起来也非常简单。唯一需要的就是想到和接受一切结果，特别是做好心理准备，向积极的方向努力。

在这其中，你最需要做好的就是自己能够掌控的部分：

（1）客观地对待现状，多多收集信息，来让自己了解事态，以便做出最后决定——属于你自己的决定，而不是别人的。

（2）对于你自己进行一个准确的自我评估和分析，灵活地调整你的目标，进行最理智的判断。

（3）在评估和分析的基础上，对自己进行合理的定位，然后你就能判断哪些结果是可能发生的，哪些又是你能够做到的，在做出最后选择的时候，就能尽可能地接近正确了。

在一次波士顿大学下属的研究机构举办的论坛上，凯莉说："人类有一个弱点是与想象有关的。人们对自己的未来总是以美好想象的形式出现，忽略了可能之风险，不能面对可能后果的糟糕。人们在成长和工作的过程中接受了太多肯定，从而已不懂拒绝这些诱导性的过于美丽的东西，没有底线意识，因此在挫折产生时，很难迅速接受。我们必须面对真实的世界，找回真实的自我，并维护这种理性的自我，才能承受生活中的各种不幸。"

我同意她的观点，因为只有理性的想象才可以帮助我们迎接未知的挑战，不会浪费太多的时间在自我否定之上，也不会把过多的精力消耗在太过乐观的幻想之中。就像我在香港对蔡经理的忠告："重要的是你对于细节的准备，对于最坏情况的预估，以及为此制定的应对计划。"当对我们的工作目标部署妥当再去实干时，就很容易获得想要的结果了，也就不至于一退再退，丧失最起码的"决定力"。

克服恐惧："没什么大不了！"

在你开口说"不"之前，克服我们内心对于拒绝的恐惧是非常重要的。但是怎么才能成功地克服恐惧呢？就像我们本章重点讲到的——必须先想到最坏的后果，在潜意识和显意识层面都设计到一种最糟糕的可能性。你想到的困难越多，最后得到的结果可能就会比预料的越好。但需要格外警惕的是，不要让困难迷惑了自己的眼睛，反而成了积极向前的障碍。

德拉格教授说："我们提前预想最大的困难，不是为了让自己恐惧，是为了克服它；不是为了束缚自己，是为了挣脱它。如何才能克服恐惧？恐惧到底是什么？这需要你找出事物的内在联系，仔细研究它，然后设计具体的方法。一个人只有在绝望中看见希望，在危险中发现机遇，才能激发积极的力量。否则恐惧将把他压垮，而他必一文不名。"

当你发现一件事情对你而言充满变数时，你如何驱散内心的恐惧呢？多数人都会做一些必要的心理准备，来对后果进行预判，拟定相应的计划。

（1）最为自信的打算——我这人很聪明，我相信自己一定可以做到，战胜困难赢得胜利！

（2）最为悲观的打算——我这人很愚笨，可能根本就做不到，我会被困难击倒！

这是两种不同的甚至是完全相反的打算。前者是自信地判断他一定可以，一定能冲破阻挠实现目标；后者则对自己下了悲观的论断，认为一定不行。通常人们就是这两种选择，也仅有这两种思维。或许你可以不去想最坏的情况，以避免它从根本上打击自信，也可以不让自己那么悲观，而是尽量自信一些。对此我们是推崇的，但千万不要让自信冲昏了头脑。想到不测的情况，预估任何困难因素，才能在问题发生前解决第二种可能性。

"一旦出现了这种情况，我应该怎么办呢？"

"我在平时有没有准备相应的方案来应对这种难堪的局面？"

"我如何不让自己节节败退，使事态失去控制？"

比如蔡经理，他是一个口才较差的人，和客户的沟通效果很不好，在对方提出不利于自己的条件时，他发现无从反驳——这是他面临的最坏情况。解决办法只能是平时对这种局面有充分预估，提升他的口才和勇气，但实际上蔡经理并没有那么做——因此他被客户"欺负"，实现了他内心的"恐惧"。越是恐惧，就越不敢面对，从而无法拟定改进计划。

当恐惧成为常态时，在对方眼中你就成为了一个十分内向的人，虽然这并非事实。可能你需要几年的时光才能颠覆这种不良印象，付出巨大的代价才能懂得自己失去了什么。

为什么出现这种不利的情况呢？

因为多数人在运用底线思维时，对自己做出了一种错误的暗示。他们虽然做好了最坏的打算，想到了最糟糕的情况，却仅是想想而已，没有去做最大的努力，而是任由事态按原来的路线发展；他们只学会了拒绝，却没有懂得如何达成目标。

这是底线思维的关键——做好应对方案是解决问题的核心，如此我们才能在预判后果的同时，又能切实地避免这种恶劣局面发生，使任何意外情况都处于我们自己的掌控之中。

身处底线，才能无畏向上

实际上，为自己设置一条底线，就是准备了一条坚固的跳板。无路可退，才能迸发出巨大向上的力量。既然事情已经是最坏的了，我还有什么可害怕的呢？只要你总能提前想到这种最为不堪的结果，那么它就很难发生了。

这一观点早就由我们在6年时间内调查的无数案例所验证。上个月，费城的索尔先生正经历人生中的一个重大阶段。他的孩子奔波于几个大学之间，正面临着入学的选择和被选择，就像这一年龄段的所有年轻人，从高中升入大学，人生来到了一个十字路口。接下来，他应该怎么选择呢？是听从自己的内心，还是服从父母、亲戚或朋友的建议？

对这个孩子来说，这段日子肯定相当难熬，但索尔这个父亲也同时非常焦虑和担忧。他总是害怕孩子对于人生太乐观了，因为没经过什么风浪。就像全天下所有的父母一样，他们总担忧孩子像玩游戏一样经营自己的人生。这会出现可怕的后果。索尔生怕他在遇到挫折之后不容易爬起来，不知道怎么去面对。

但是他后来告诉我说："小索尔做事的方式令人惊喜，完全没用我操心，终于可以让我睡个安稳觉了。我第一次发现他拥有了自己的思维，懂得拒绝一些看似诱人的选择了。"

索尔说，在美国，常青藤盟校之间的招生竞争是十分激烈的，并不比中国的高考制度简单。若考生稍有疏忽，就可能顾此失彼，与自己的理想目标擦肩而过。正因此，索尔担心儿子应付不周，犯下错误，留下遗憾。毕竟，那个朝气蓬勃的大男孩才18岁。

但是，他没有想到面对这么严肃的问题，孩子完全做到了不用他的指导，自己就像出色的战场指挥官，成功地打了一场决定人生命运的重大战役，将时间安排得井井有条，做好了每一天的计划，也将信息调查和个人的判断结合到了极致，甚至让他想到了一些成熟的商业领袖的处理手法。

小索尔说："我清楚地知道自己的兴趣，我希望进入哈佛商学院，因此这是我的主要目标。但如果不行呢？我想到了失败的结果，并为此准备了三到五个替代选择。我告诉自己，这没关系，即便这些目标大学都不录取我，我还可以有其他的方向，比如我去华盛顿的州立大学，那里的商学专业也十分出名，且录取容易。"

没错，索尔值得骄傲。因为小索尔拥有一个清晰的思路。不像其他这个年龄段的年轻人——他们激情四射但"行动弱智"，总凭一腔热血做事却承担不了冲动的后果。小索尔在对待自己的重大选择时，从容地站在了一个立体的角度，跳出了学校教给他的传统思维，进行了独立的全方位的思考。

非常难能可贵的是，小索尔拒绝了盲目乐观。他率先想到的问题是："如果我的目标没能实现怎么办？"

1.设想到了所有可能出现的结果

尤其是计划外可能发生的最坏结果，他先针对性地做了思考，毫不回避地直面它，制定详细的预案，把细节考虑得十分周全，没有像其他年轻人一样在关键时刻被理想化、盲动性和过于乐观的情绪主宰头脑，影响判断。

2.他对于自己的人生具有强大的理性思维

可能受索尔的榜样作用的影响，他从父亲管理企业的经历中学习到了正面的经验，从小就建立了理性思维。因此在他处理自己的事情时，就比其他孩子平和冷静，能以一种较高的思维层面来应对可能出现的任何变数。

守住底线，才能大胆说"不"

有一则关于"猴子节食"的故事很能说明底线的重要意义。我在很多次的团队咨询中都列举了这个案例，来启发参与培训的公司雇员集体反思其中的意义。在一座山上有一群猴子，它们生活很好，但是为什么要节食呢？是因为突然有一天，发现自己的体重超标了。于是它们开会讨论，决定要集体节食一天。这是一个集体决定，也是一个必须执行的动议，就像我们在工作中会遇到的情况一样。

但在开始之前，有一名小猴子建议说："我认为我们应该把节食结束时的食物都准备好，节完食就可以大快朵颐了！"其他的猴子纷纷点头表示赞成。于是，猴子都出去觅食了，等他们回来时，都带回来了很多美味的香蕉。

这时小猴子又提了一个想法："在节食之前，我们应该把香蕉都提前分好。如此一来，节食完了以后就能很快吃东西了。你们想，那时候我们一定是很饿的，再浪费时间来分食物，是不是很痛苦呢？"大家也很赞成这个建议，一块分好了香蕉，都守住自己的那一份，觉得这是一个完美的计划。

可这时小猴子又说话了，它转着眼珠子说："哇，既然划分了每个人的香蕉数量，我们何不各自剥开一个香蕉呢，这样就能做好充分的准备，到节食完吃饭的时候，就可以直接放到嘴里了！"

猴子们一听：不错，真是考虑周全！于是又都举手拥护，认为它的这个建议十分正确。有一只老猴子突然意识到了情况有些不对，就站出来小声地建议："孩子们，听我一言，我们可以剥开，但千万不要吃啊！我们还要节食呢！"

猴子们虽然听到了老猴子的建议，但在小猴子的鼓吹下，并没有理它。大家开始剥香蕉，然后放到面前守着，就等着节食结束后吃。可此时小猴子又号召说：

"我们不如将香蕉放到嘴里，这样一来，节食完以后，我们就能立刻吃到可口的食物了。"

猴群完全乱套了，反对的声音也彻底消失。大家都把香蕉含在嘴里，但谁也控制不住。只过了几分钟，流着口水的猴子们就集体享受起了美食，瞬间的工夫，香蕉就被吃了个干净。到最后，节食运动变成了一场闹剧。

在这个故事中，我们发现小猴子是明显的无知和贪婪的，这毫无疑问。但在我看来，最无能的则是那只老猴子——是它使事情败坏到了这种程度。因为老猴子作为猴群中资深望重的一员——可以视之为猴群的管理者，在小猴子不停地提出新的破坏约定的建议时，它却没有守住底线，没能及时进行制止，于是造成了它们在节食时的失败。

具体而言，小猴子是底线的破坏者，是原则的践踏者，也是规矩的毁灭者。但老猴子则承担了更重要的责任——它在其中扮演了一个对这种行为进行放纵的可悲的管理者的角色，因为它没有在关键时刻说"不"，没有及时地制止它们的行为。

总的来说，底线思维不是方法问题，而是一个"观念问题"。它是在从做人、做事两个方面，告诉我们不论任何事，都要从坏处准备，努力争取最好的结果。必须拒绝幻想，放弃不切实际的期待，才能把命运牢牢地握在自己的手中。

在实际的生活和工作中，每个人都既要向上看，也要向下看。其中，最重要的就是后者，因为每个人都能做到向上看，大家都在仰脖看天，但向下看的人实在太少了。因此才导致了不停地有人爬起来却又跌倒下去。

只有低下头来，想到最坏的结果，你才能做到有备无患、遇事不慌，为自己树立起赢得一切的信心，从而牢牢把握主动权，这些能给我们在做人处事的路途上提供切实有效的帮助和指导，最重要的是提供一些不可放弃的原则。

但是，对于患有"缺乏自我"和"判断力综合症"的不具有决断力的人来说，要想拥有底线思维，就需要先让自己改变观念，收起那些传统思维告诉自己的无效经验，先问问自己是否守住了"底线"，是否真正认识到了底线思维的本质。

1.人们不明白底线意味着什么

大多数人只知道它的字面意义，但却未必清楚坚守底线和原则背后的真正的价值。他们当然也不明白要维护的原则必须依据什么样的理由，或者源自于什么样的价值观。

2.人们经常将方法与观念混淆

还有些人——为数不少的人，他们时常把方法与观念混为一谈，并不清楚两者的区别。事实上，每一种方法都是根据某一些基本的原则产生的，而原则又是观念的产物。

3.底线思维是指导我们处理一切事务的基础

总的来说，如果没有做人做事的基本原则，没有这些人人应该遵守的底线，我们平时的行事就失去了依据，只能凭借一时的兴趣来随意地决断。大凡这样的人，他们做事没有长性，说话前后颠倒，在人们眼中就是一个缺乏原则和没有底线的人，很难获得人们的尊重。

底线一旦失守，就意味着一场"灾难"。没有底线，你就会一直后退，一直下落，也就等于失去了自己牢固的根基。我们平时做人或做事，都一定要遵守底线，坚持一些基本原则，这样才能真正地杜绝"不敢拒绝"，在大是大非面前可以坚定地说"不"，让自己驾驭生活，也做好工作，成为自己人生的主人。

CHAPTER FIVE

第 五 课

提升行动力：
不要过多思考，就有决断力

　　一个人具备了最基本的行动力后，他就愿意不断地思考和学习，养成好的习惯，并使自己进入良好的状态。他的思维会变得干脆，明白自己的原则，也愿意遵守规则，融入外部的环境。

"我顾虑太多，所以优柔寡断！"

行动力是什么？为什么缺乏行动力的人，就会经常出现不懂得拒绝，也不知道如何维护自己的正当利益？顾名思义，行动力就是指一个人执行自己意图的能力。拥有较强行动力的人，可以克制自己内心的软弱，同时能够去突破自己，去实现他自己想做但能力不太足够的工作。他可以为此制订计划，下定决心去改变和提升自己的能力，直到实现目标。

对个体的人而言，它就是一种可以良性自制的能力；而对于团队而言，它就是一种强大的决断力和领导力了。一个人具备了最基本的行动力后，他就愿意不断地思考和学习，养成好的习惯，并使自己进入良好的状态。他的思维会变得干脆，明白自己的原则，也愿意遵守规则，融入外部的环境。

大凡具有较强行动力的人，他行为的主动性高，具备一定的冒险精神，倾向于在不断尝试、在"做"的过程中学习和提升。同时，他做事说话都比较果断，不会犹豫不决，也不会顾虑太多。而且，他对于目标的未知因素没有畏难情绪，不怕困难和挫折，也非常地相信自己。

卡特是福特公司的职员，今年26岁，她说：

"在我的世界里，很少有事情是我可以果断地进行处理的。要我立刻做出决定？这对我来说太难了。因为做任何事情之前，我都要反复地考虑其中的利害关系，想到其中的每种可能性，我总是顾虑重重，设想每一步可能出现的问题。

我们都知道，对于工作多想几步，可以让我们少出错，少为自己的愚蠢后悔。可是如果想太多了，我们也会遇到巨大的麻烦，那就是事情做完后却放心不下，然后会反反复复回想自己的处理过程。

在这件事的处理过程中，我是否有不妥？

我是否应该做得更好？

别人对我有没有负面评价？

这说明，这个人太担心别人的看法了！有时候就不敢轻易采取行动，也不能屏蔽这种思想。如果发现自己把事情办砸了，天呐！对此即便别人不说什么，我也一定会笼罩在后悔的阴影中好多年，无法从中走出来，我今后的每一天都会被懊恼的情绪搅得心神不宁。

我对上司也怀有很多的顾虑，总在猜测他的动机，认为他是一个表里不一的人。但我又拿不出勇气当面质疑他。如果上司多发给我一些奖金，我就会另有想法——他是否从那个大单子中拿到了很多的好处？每次公司召开会议，我都会在会前四处打听，对我来说，知道谁即将被提拔简直是比我的工资是否按时发放更重要的事情。

还有一种更严重的情况——假如部门的同事之间搞聚会，但是他们却没有邀请我，我就会胡思乱想一整天，吃不下睡不着。我会想，他们是不是对我有意见，有没有可能合起伙来在背后整我？我该怎么办？我就这样想来想去，但又拿不出好的办法，只是让自己越来越乱而已。

比起处理这些工作中的日常琐事，对我来说更难的是在感情方面做一个最终的决定。你知道吗，两周前，相恋3年的男朋友失望地离开了我，原因听起来真的很好笑——他向我求婚，我回家考虑了好几大最终也没有给他一个答案。我说不出是答应还是拒绝。我是如此纠结，而他毫不犹豫地跟我说了分手。我让他失望了，同时也让自己失望！

我的生活为何会变成这样？我到底该怎么做才对呢？"

缺乏行动的直接表现通常是这样的，他们患得患失，顾虑重重。不管在什么环境中，也无论他们的生活是幸福还是不幸福，这些人每天能想的就是一些鸡毛蒜皮的琐事，并为此烦恼不安。在意识中，最需要处理的就是这些"并不重要"的东西，而他们对此毫无意识——有时明知需要改变，也拿不出果断的决心和迅速的行动。

我在过去的几年内接触过大量的相关案例。他们在阐述自己的过去时，总是神经兮兮的，因为他们的心中永远布满了疑虑："我到底该怎么办？"就像一位咨询者对我说的，哪怕她只是跟某一位同事擦肩而过，对方脸上有没有微笑，都足以让她惴惴不安。对方的脸上有笑容还好说，如果没有，她就会开始优柔寡断："我是打招呼，还是不打招呼呢？"

就在这短短的瞬间——大约也只是2到5秒，她的脑海中会浮现出一系列的想象：

（1）"我一定表现得就像一个傻瓜！"

（2）"哎，我总是这样，让人看起来很不好相处。"

（3）"他对我的第一印象肯定是很差的。"

（4）"我突然想起来了，这个人昨天去主管办公室待了一上午，到底在搞什么鬼，是不是说我坏话了？"

我问卡特："你这样活得不痛苦吗？"这也是她对自己生活的最大感受。和其他人一样，她认为人生充满了痛苦和无聊，因为任何事情都在欲望与失望之间摇晃，就像上足了发条的时钟一样，很难停下来。

　　比如，有时她也会为买菜多花了几美元而懊悔许久，但却对自己坐在卧室白白消磨了一天的时光不以为意。她不知道自己应该做什么，是拒绝还是同意？她没有判断的能力，也没有行动的意志。这是缺乏基本行动力的人最大的表现。

"我经常胡思乱想，因此不敢行动！"

艾梅娅今年29岁，是一名流行歌手。她前几年在洛杉矶剧院每周演唱一次，生活无忧。后来又搬到了费城，在这里交到了男友，然后结婚生子。现在，她是当地一家演艺公司的签约歌手，时常四处演出，还在好莱坞公司的影片中客串过角色。

这是一位成功女性，不是吗？人人都这么认为。但她却对自己有相反的看法。她说："虽然事业很成功，但我内心过得却是惶恐不安的生活。我总是胡思乱想，不敢肯定每一件事。比如每当唱片公司老板对我谈起他的宏伟计划中和我有关的部分时，我总是会在心里画个问号——'他说的是真的吗？'有时候我会脱口而出自己的质疑，这常常让老板感到很不舒服。他因此而不快，不高兴的神情又让我胆战心惊，害怕他做出对我不利的决定。"

艾梅娅也不知道自己究竟怎么了。这几年来，她信任感差，似乎对所有的事情都感觉不信任，总觉得别人在向她隐瞒什么。信息稍有不明，她就乱加猜测。哪怕是老公和上司说的话，她也要琢磨半天，拿不准主意，迟迟不敢做出决定。

但与此同时，她在有的方面又容易轻信。比如一些漏洞百出的事情，她不假思索就上当受骗，很难拒绝，也不容易识破骗局。比如有一次，艾梅娅在街口见一名乞丐。那是一个背着包跪在地上的黑人男孩，打着一个标语，上面写着："我的爸爸被关进了监狱，请施舍10美元。"人们围在四周，大家怀疑这是个骗子，因为这座城市出过不少类似的事情，联邦警察已警告居民不要相信。但艾梅亚的手还是情不自禁地伸进了口袋，拿出了100美元给这个男孩。

艾梅亚说："我经常痛恨自己是一个不折不扣的傻瓜。这么多年来，我总是在关键时刻无法做出判断，表现得起伏不定，拿不定主意，或者做出相反的错误选择。我究竟是怎么了？"

缺乏判断力的"怀疑论者"总喜欢在内心给自己不停地辩护——而且他们具有怀疑一切的精神，并因此做不出最终的判断。这是他们极其信奉的一套——这可能不是真的；一定是假的，或许还有别的可能。因此他形不成一个明确的决定，也很难采取直接的行为，他总在胡思乱想和犹豫不决的状态中徘徊。

就像艾梅亚一样，正因为这个世界上有无数的怀疑论者，判断力和行动力都比较差，我们才每天都在遭遇信任和怀疑的考验。艾梅亚是一个典型的例子，这种情况常发生在女性身上，她们对复杂的信息没有抵抗力——缺乏分辨能力导致了自己在问题面前迷失自我，丧失基本的决策和行动的勇气。

但是，无论情况有多糟糕——是否总做出错误的决定呢？你也不要进行自我麻醉式的逃避，也不要封闭自我，或者沉溺在外人看不到的隐秘角落自娱自乐。回避现实的做法对你是没有好处的，只能起到拖延的作用，且让问题越来越严重，早晚会严重到让你被动地拿出方案。

我告诉艾梅亚，下次遇到这种情况时，她可以采取第三种角度，从自己的身体和大脑内跳出来，从上到下冷静地进行自我审视。这时她要抛却杂念，保持一种比较客观的角度。尽管这很难，但她必须不断地重复尝试，直到彻底进入状态。她要问自己一些现实的问题，自问自答，且不论对错都必须给出答案。

例如——"假如我实在不想做某一份工作了，我认为它根本不会给我带来什么成就感，但是老公赞成，同事支持，上司也鼓励，回报也不错，未来的前景很好，我应该怎么办呢，我怎么拒绝这个工作机会？"

例如——"当我遇到朋友的误解时，或者我在生活中犯了错误时，我还是像以前那样心中一团乱麻吗？我怎么拒绝别人的恶意或欺骗，如何不让自己在胡思乱想中得出错误的结论？"

在思考这个问题时，艾梅娅要让自己绝对平静下来，把心中的杂念完全排除干净。基于她较长的历史，我建议她将自己关在一间单独的房子里，比如卧室或书房，关闭房门，然后坐在一张舒适的椅子上。这时，她要闭上眼睛，深吸一口气，从原点开始，重新思考整件事的过程，一直回放到现在：

"我拒绝了哪些正确的提议？"

"我答应了哪些错误的请求？"

"我都是在哪些事情上犯了迷糊？"

当然，她（你）也可以只设定一个短期的时间段，不是过去几年，而是一年或几月之内。比如在你最近的30天，你都做过上述的哪些事情呢？这就像一场自我表白，完全诚实地面对过去，清晰无误地进行一场电影回放，把问题全部梳理出来，做到没有一处遗漏。

最后你再问一遍自己："我从这段时间和这些事情当中体会到了什么呢？"然后迅速地回答这个问题。不管你进行多少次，答案都必须是真实的，因为我们不能对自己有丝毫的隐瞒。没有谁可以欺骗自己——你可以愚弄全世界，唯独不能隐瞒你自己，任何人都不可以。只有这样，才能杜绝自己胡思乱想的意识根源，找到缺乏行动力和拒绝勇气的种子，把它纠正过来。

不懂拒绝的结果，是你拿不到"结果"

林女士是一个经常怀疑自己能力的人，她总在唾手可得的结果面前变得犹豫和不好意思，于是最后总是失去美好的东西。她说：

"你相信一见钟情吗？我从小到大都不是这种人。这让我不仅不好意思，而且让人觉得我没有感情，属于只看不说、只想不做的人，就连我自己对此都不理解。我和男友彻底变成陌生人就是在上个星期，原因是我这个人太慢热了，毫无热情。他受不了，认为这是一种残酷的折磨。上周末的一次晚餐后，他邀请我去他家看一场午夜电影，还准备了红酒和鲜花，说有特别的礼物送给我。我的警惕性立刻提上来，因为我太了解男人此时的用意了。我想，他肯定想和我发生关系，虽然我们已经交往4个月了，按说到了开诚布公的时候，但我仍然不想这么快收获爱情的果实。所以我感到非常惊恐，一时间不知道该怎么办。我只想赶紧逃离他的视线，不听他的呼唤，逃到一个谁也见不到我的地方，先想清楚再说。"

对此，林女士找了一个借口拒绝了，打车回家，关掉手机，一觉睡到天亮。但是从那以后，男友对她的态度就有所改变——只局限在吃顿饭、看场电影的层面上，对方再也没有提出任何可能被误解的请求。林女士也乐享其成，反正这正是她想要看到的，也是她喜欢的生活节奏。当朋友问她难道不希望再进一步时，她惊讶地反问："你真好意思？"

就这样拖拉了相当长的一段时间后，男朋友终于开口问她："亲爱的，你对我们之间的未来有信心吗？如果你有了更好的选择，我希望你能及时地告诉我，我一定会成全你的。"男人这是说出了自己的实话，他对两人的关系产生了困惑——我想任何男人都会如此。

林女士既没有肯定也没有否定。她的心理很奇怪，一方面对于主动的进展很害羞，绝不主动说出进一步发展的话，另一方面她就是想慢慢地观察他和考验他，看他对自己是不是真心的。

"可是……"林女士失望地说，"没几天，男友突然给我发了封电子邮件。他没有打我手机，而是写了封短信。他在邮件中说在我这里得不到肯定，也得不到什么回应，感觉自己很受挫。天哪！他要结束我们这段仅仅五个月的关系。当时我想，看吧！这个男人果然是不够爱我的，只想上床，不想接受考验，我只是拒绝了一次，他就这么快地逃走了……幸好我没有完全把自己交付出去。当天晚上，我对着这封邮件冷冷地发笑，更加确信自己的判断是正确的。"

我问："哦，那么现在呢？"

林女士伤心地说："现在我才意识到，这可能是我自己的问题，与他无关！"

"比如？"

她深思了一会儿，自我总结道："第一，我太慢热了，不管工作还是感情，进入状态很慢。第二，我欠缺行动力，在任何事情上都是被动型的，这让人误解我，认为我不是内向，而是冷漠。"

也许有道理，但重要的是，林女士没有及时地把内心感受告诉对方。像林女士一样，不好意思的人大多属于慢热型的人。他们很难快速地进入一种状态，也不容易融入对方的节奏，和别人产生情感共鸣。他们要建立一种关系，一定要经过很长的时间考验，才会慢慢地达到升温的状态。

这就要求别人一定得有耐心，才能打动他们的心，赢得他们的友谊。比如说你要追求林女士，就得让自己无论在意志力还是时间上必须保持长久的热度，不能气馁，不能受到挫折就匆忙后退。因为像她这样慢热的人格，只有经历了漫长的发酵，才会逐渐产生热情，才能变得好意思起来——也许一旦放开后，她会表现得比谁都激情四射，但要迈过这个过程却是痛苦和令人煎熬的。

这对大多数人来说不容易，不是吗？林女士很难遇到真正的心上人。所以她才需要做出适当的改变，而你如果和她一样，也有必要进行适当纠正，才能以正常的速度拿到自己的"结果"。

除了她自述的部分，还有一个原因是我告诉她的，那就是"虚荣心"。每个人、特别是女人都有强烈的虚荣心，但林女士在这方面表现得更为强烈和持久。在最近几年，我们的许多案例都突显了虚荣心元素的特征。人们总是虚荣心太强，死要面子，比如经常挂在嘴边的一句话就是："我很不好意思。"

（1）不好意思表达，你失去了多少被人认识的机会？

（2）不好意思登台讲话，你失去了多少表现自己能力的机会？

（3）不好意思求人帮助，你失去了多少被人帮助的机会？

（4）不好意思接受别人的表白，你失去了多少被人关爱的机会？

正如同很多人在想要拒绝对方的时候，就会产生一种"不好意思"的心理。这也是虚荣心在作怪——虚荣的自尊心阻碍了他要把拒绝的话说出口。又或者出于面子的需要，像林女士一样不会轻易答应别人的过线要求，但又不懂及时沟通，使得双方的关系失控，出现麻烦。为了防止这样的麻烦，方法就是激活自己的行动力，让生活和工作都快速运转起来，就像一条高速公路（它代表你的决策与行动机制），不要让车辆堵在"收费站"，要让它们畅通无阻，你才能收获自身的决策效率。

正确的行动，让"好意思"变成"好结果"

当你采取行动时，最重要的一项原则是什么呢？并不是想象力、激情或创造精神，而是精确的计划和严格的量化思维——去往哪个方向？有没有具体的计划？因为任何一种行动——不管是说话还是做事，我们都要让人看到明晰的前景和可控的进程，也就是说让人知道你在干什么，以及是否正确。只有方向和方式正确，才能在这个基础上去加入自己的个性。

但在现实中，人们总是一厢情愿地忽视后者，执迷于前者。一名足球运动员对我说："只要我努力训练，加班加点，不错过一堂训练课，我就能提高球技，在球场上战胜对方，我相信自己能做到这一点！""没错，"我说，"但是，像阿Q那样的精神胜利法就可以了吗？凭借自己的头脑发热就能成为球星了？"不是，如果采取了错误的行动，就算你再果断，再有勇气，你也不会得到一个满意的结果，反而打击你的自信心。

对一名球员而言，什么是正确的行动？不是在训练场上大吼大叫，也不是在健身房疯狂地跑步，而是针对自己的身体状况和技术特点制定对应的训练大纲，再严格量化每天的训练强度，一步步脚踏实地提升水平。

如果不这么做，最后就可能成为一名平庸的球员。虽然刻苦，但也只是落下一个敬业的好名声而已。刻苦和努力就有资本了吗？没有！这只是你一厢情愿的勇气。没有人能够凭借自己的努力去支配别人，也无法拒绝那些困难来击败自己。

人们抱怨地说：

"我投入了这么多的热情，为什么还会失败？"

"我已经付出很多了，为何还是没有好运气？"

"我绞尽脑汁地忙了好几天写出来的方案，上司为什么只看了两眼就给我扔了回来，让我重写，而我半句话都说不出来？"

诸如此类，我见过许多人都活在完美的幻境中。他们片面地迷信意志力，认为勇气可以决定一切。勇气虽然重要，但结局却总以"主人公受到失败的打击"而告终。大凡真正的成功者——那些有底气拒绝不利因素的人，他们都有一个共同点，那就是拥有理性的思维和对行动的可控性。他们很少做出感性的决策，也从不自以为是地采取盲目的行动。因此才有足够的积累在关键时刻说出一个"不"字，否则就只能任人宰割了。

一次正确的行动必须符合下面这三项基本要求：

1.合格的质量

这是对我们的行动效果的要求，也是别人（客户和你的上司）最重视的环节。你的工作和行动有多少价值，完全由最后的质量来决定，而不是你的口号，也不是你的激情和努力程度。

2.明确的时间

行动必须有时间的要求。你总不能让别人无限期地等待你的结果，甚至超出数倍的周期才能让人看到你行动的效果。任何一件事对于我们都有时间的要求，也都有周期的限制，哪怕你是一名自由职业者，也没有能力摆脱这个要求。我们可以拒绝一切，但就是不能拒绝时间，否则时间一定拒绝我们，并不给我们任何从头再来的机会。

3.明确的数量

行动当然还要有一定的数量要求，例如你提供了多少结果，达到了多少数量。数量会有一个明确的定义，你必须非常清醒并准时完成，才不会让别人抓到你的错误。当你可以一次性地完成上述三项要求时，你在工作和生活中就拥有了拒绝的资本，而且你的底气也是雄厚的，因为这意味着你能提供的东西是高质量的——这恰恰是任何人都需要的。

用一种规范的量化思维来管理你的行动，并采取这种思维来对自己进行管理和衡量，判断自己的行动是否正确。只有正确的行动才富有价值，才能赋予你精神的自由和意志的强大。任何时候，你都不要被大脑的"灵光一现"主宰，不要被冲动的思想控制行动，说出让自己后悔的话，做出让自己后悔的事。要养成严谨的量化思维，严格把握自己的方向，在正确的行动中，我们才能想有所得，并行之有效，使你的每一句话和每一件事都引起别人的重视。

及时的行动，让自己拥有决断力

今年3月份，在首尔举办的一次讲座中，我问台下的韩国学生："3月份应该是首尔最冷的时候，那么你们在冬天面临的最大困难是什么？"

台下众人都笑了。因为人人都知道答案，冬天最大的困难就是让自己离开温暖的被窝。没人想从热乎乎的床上爬起来，想到必须起床就心情不好，情绪不佳。所以多数人都是拖延不动，磨叽半天才很不情愿地从温暖的被窝钻出来。

这个例子反映的就是行动的及时性。当你感觉自己应该起床时，最好立刻坐起来穿衣服，接下来就会很顺利。但如果你稍有迟疑，哪怕只是犹豫了2秒钟，起床马上就变成了一件困难之事，你就难以采取及时的行动了。

为什么多数人虽有理想，却只能过着平凡的生活，甚至从未体验过成功？因为他们的行动只是挂在嘴巴上，没有体现在行动中。他们总在述说自己将如何成功："别人投资股票发财了，我也能干；别人开了一家广告公司，生意不错，我也可以！别人做化妆品代购生意，一夜暴富，我也有这方面的天赋！"

他们的头脑中充满了奇思妙想，也为此制定了详细的计划，列出了具体的步骤。这些伟大的计划全写在纸上，有模有样，但是写完就扔到一边去了。过阵子你问他开始实施了没有，他会皱着眉头告诉你："我还在想，在设想！"

没有行动，你思考再周详，又有什么用呢？

只有及时的行动并辅以正确的计划才会产生好的结果。快速和及时的行动才是我们取得成功的保证，是一切计划和想法实现的前提。不管你的目标有多么伟大，计划有多么靠谱，都必须落实到行动上，才能见到现实的效果。

我的心理咨询顾问斯普卡沃说："借用一句名言，你想的好，计划得好，只能说明你很聪明；只有做得好，才是真正的卓越。但问题是人们总是精于前者，对于后者却步履蹒跚。恰恰是后者，才体现出了成功者与失败者真正的差距。"

你必须记住这句话——再好的想法，有脚踏实地的行动才能成功。你要让这句话成为自己的人生准则，也转化为自己的工作底线。当你可以长时间地坚持这项原则时，你就能够成为一个行事果断和富有效率的人。

埃弗顿是加州一家电台的播音员，他说自己就有类似的经验，在面对麦克风之前，他总是满头大汗，心跳加速，时间越长内心就越感到难受。这时，他恨不得马上离开播音室，冲出大楼，找到小屋躲起来。在这一时刻，他的内心是恐惧的，感觉自己根本张不开嘴。但当他下定决心，第一时间开口说话以后，奇妙的事情发生了——他内心所有的恐惧都没了，自己变得思维敏捷，幽默风趣，之前的恐惧就好像根本没有发生过。

及时的行动可以治疗我们的恐惧。就像我现在飞到全世界各地做演讲，参加论坛，召开讲座，为不同的人做咨询，为各种各样的公司开展培训，在这方面的体会非常深。如果到了以后马上进入工作状态，就可以解除全部的紧张和不安，但假如对方让我休息几天，到处玩玩再开始工作，我就感觉很别扭，工作就容易出现问题。

这个原理对我们而言是如此的重要！但现实中的很多人却不明白。他们对付内心恐惧和不好意思情绪的方法是逃避，绝不采取行动，结果就是让事情越来越糟糕。所以，每当有人拿着一份计划或一个想法向我请教时，我总是告诉他们：

"你对自己的这个想法感到满意吗？认为这份计划可以解决问题吗？如果是，那么别再思考了，也不要妄图让它达到最完美的状态。你立刻去做，用你的行动让它变成现实，用你的成果告诉别人你做到了。不管任何时候，都用一个及时的行动去说话。只要是你决定了的事情，就不再多想，马上让自己进入状态，这比什么都重要！"

1.必须做的工作应立刻行动

在产生懒惰的想法前，马上去做。在产生胆怯的情绪前，立刻拒绝，不要给内心的怯懦成长壮大的时间。

2.从小事做起

从每一件小事做起，用逐渐积累的成就感来奠定坚实的行动基础，使自己拥有强大的行动力。

3.养成及时行动的好习惯

在平时对于生活和工作中的大事小事，就要养成当场解决问题的习惯，不拖延，不含糊其词，不怠慢别人的问题，也不疏忽已经制定好的计划。

我和德拉格教授在长期的工作中总结了一个原理，叫作"行动激励行动"。一次及时的行动，会推动更多高效的行动，促使每一个计划都快速的完成，从而一步步地实现我们的目标，让我们在每一个环节都以最短的时间完成，不消耗无谓的时间和精力。

充分认识到及时行动的重要性，再辅以坚决的态度，就能够保证我们能够以一种较好的心情起步，去重视执行的速度和高效，让自己成为一个实干之人，也是务实之人。这样一来，就不会因为自己的犹豫不决和不好意思耽误工作，维护好自身的利益。

高效的行动，让工作从此变得简单

关键的问题是："如何才算高效的行动？"

有位在汽车4S店做销售员的余先生和我交流时说："我认为把汽车卖出去就是一次成功的工作，算作您讲的高效的行动。从早晨到中午，和顾客讲了半天就是没把订单拿下来，顾客连购买意向都没有就离开了，那么即便讲得天花乱坠，我认为也不能称作高效。"这就是为什么往往只有在一线跑业务的人员才明白效率的原因，他们深刻地理解了工作的本质——工作就是结果交换。人们在工作中所有的努力和付出都是围绕这个目标来进行的。没有结果的交换，你的行动力就毫无价值。

我推崇的行动力是什么？就是行动的结果，不是你的行动本身。假如你理解不到位，错误地把焦点放到了行动的过程上，很多重要的问题你可能就想不清楚，你就会犯很多错误。

余先生和我认识有两年半了。我们第一次见面是在美国旧金山。当时，他还在国内的一家科技公司上班，职位是中层经理。他到美国休假时，参加了一场当地的华人聚会，恰好我也在场。余先生听说我是做工作心理学咨询的，就和我聊起来，然后向我倒了一肚子苦水。

"周老师，我在这家公司熬了8年了，8年！"他强调这个时间，"这么长的时间，我没有功劳也有苦劳，没有苦劳也有疲劳吧？很少人可在一家公司待8年的！而且我是公司成立时的第一批元老，老板创业初期穷得连烟都买不起时，我就陪着他一起吃苦，是他的铁杆骨干。但是现在怎么样呢？其他的元老都混好了，有的成了股东，有的是副总裁，或者去分公司当老大，住大房子，开豪车，个个吃香喝辣的，名利双收，我呢？我还是一个小小的经理，没权力，没高薪，您是不是觉得我很可怜，很失败？"

余先生苦笑着说，这么长时间在公司不被晋升也就罢了，薪水竟然也没怎么涨，老板对他丝毫没有怜悯之意。他不停地讲，讲了足有40分钟。我安静地听着，他的话都很有道理，似乎是受了"天大"的委屈，被一个没良心的老板过河拆桥了。但是请等一下，问题是什么？问题是为什么别的元老升职加薪了，他却没有？

为什么他比别人付出更多，但却成了得不到回报的"倒霉蛋"？这正是我让余先生思考的问题。

余先生的遭遇原因其实很简单，因为所有的公司都在遵守结果交换的规则。即便你是元老，也逃不掉这种结果交换的常识。现实中，你的工作哪怕再辛苦，天天加班到半夜，累个半死，如果不能给公司提供应有的结果，付出再多又有什么意义呢？

就在那一天，我让余先生学到一个新概念：结果交换。一个人只有具备"结果交换"的本领，才有资格、有底气对老板的不公正对待大声说"不"。否则，就只能是一个倒霉的家伙——没有人同情你。在任何一个环节，我们都应该只在"结果"上进行对话，并针对结果采取高效的行动，而不是关注到行动本身。

（1）高效行动的本质是精确地提供结果，容不得半点模糊。

（2）你必须让自己的行动有价值，然后再谈意义。你要建立"功劳"意识，而不是只去强调什么苦劳，才能使你的工作变得简单，让你的价值被人重视，这样你说话才有分量，拒绝才有资本。

（3）我们每个人都是一个独立的"法人"，处在一个价值链之内；我们提供了什么服务，就能得到什么样的回报；如果不能提供服务，人们就对你不理不睬。

（4）行动只看结果，不看过程，也不看动机。从某种意义上讲，没有结果，行动就是零，不管你付出了多少辛苦。

第 六 课

情绪管理：远离一切
让你"难以拒绝"的消极因素

你可以数一数，自己身上有多少情绪怪病？一个人只有做到情绪稳定，才能实现自己心理层面的成熟。

检查自己的情绪能力

每个人都有自己的情绪状态——区分为控制情绪能力的高低。有的人总能保持好情绪，有的人则坏情绪缠身。这种能力影响我们的意志力，决定我们的判断力，并在根本上主导了我们的行动力。而且你会发现，大凡那些成功的人士，他们似乎都有着天然的正面情绪；他们一定拥有很好的情绪控制能力；他们自信与平和，也拥有源源不绝的勇气。反之，则不管干什么都是相反的，总是得到很坏的结果。

看起来，普通人与他们的差距实在太远？你是不是从中感到自己的不足呢？不过，如果排除掉那些难以控制的外力因素，比如运气、机遇或人脉，你还愿意轻易地承认自己的能力确实不如他们吗？我相信不会的，因为在无数次测验中，多数人都会立刻反驳说："不可能，我的智商一点不比他们差，我相信自己也能做好。"

但是，对于真正的差距，你看到是什么了吗？

答案是：我们检测和控制这些坏情绪的能力。事实上，这让我们与成功者的距离越来越远。这些难以量化的东西，其重要性远远超过了智商、学历、金钱、背景和机会。如果你愿意静下心来，摆正自己的位置，用一面镜子好好地观察一下自己，你可能立刻震惊地发现：原来正是这一点，使自己落于人后！

▲凡是情绪失去了控制的人，体内一定总是充斥着负能量。他们难以集中精力去做一些真正值得做的事情。

▲情绪管理能力差的人，不但精力虚弱，而且意志消极。他们对待工作不认真，对待朋友不真诚，对待亲人也不用心。事实上，他们对于任何事都是应付性的，既不善于做出承诺，也不勇于做出拒绝。

你可以数一数，自己身上有多少类似的情绪怪病，你有多少呢？一个人只有做到情绪稳定，才能实现自己心理层面的成熟。就是说，我们只有做到完全调控与疏导自身的情绪状态，提升情绪水平，才能远离让自己丧失判断力和勇气的消极因素，用平稳的心态迎接生活和工作的挑战。

接下来，一些每个人都应做的情绪自测题？

（1）你认为自己可以克服各种困难吗？

A、没错　　　　　　　B、不一定　　　　　　　C、不是这样

（2）你始终觉得自己在过去达到了预期的人生或工作的目标？

A、没错　　　　　　　B、不一定　　　　　　　C、不是这样

（3）几年前令你敬佩的前辈（老师），现在依然令你敬佩吗？

A、没错　　　　　　　B、不好说　　　　　　　C、不是这样

（4）你经常在公共场所避开自己不愿意打招呼的人，就因为没有勇气拒绝他的要求？

A、极少如此　　　　　B、偶尔如此　　　　　　C、有时会这样

（5）当你正读书或欣赏音乐时，若有人在旁边高谈阔论，你会怎么办？

A、我仍然可以专心地阅读或听音乐

B、介于A与C之间

C、我不能专心并且感到愤怒

（6）你是一个不管到任何地方都能清楚辨别方向的人？

A、没错　　　　　　　B、不一定　　　　　　　C、不是这样

（7）目前，你对自己学到的知识感到自豪？

A、没错　　　　　　　B、不一定　　　　　　　C、不是这样

（8）你的情绪会在季节或者气候发生变化时产生波动吗？

A、会　　　　　　　　B、介于A与C之间　　　C、不会

（9）你的睡眠不好，经常做梦？

A、经常如此　　　　　B、偶尔如此　　　　　　C、从不如此

（10）你看到庞大或凶恶的东西就感到受迫，哪怕它对你没有威胁？

A、是的　　　　　　　B、不一定　　　　　　　C、不是的

（11）如果换一个环境，你会？

A、把一切安排得和从前不一样　　　　　　　　B、不确定

C、和从前一样不会改变

（12）你发现有些人总想让你答应一些你很反感的事情？

A、是的　　　　　　　B、没注意　　　　　　　C、不是的

（13）你认为自己总能善意待人，助人多多，但却得不到回报？

A、没错　　　　　　　B、不　定　　　　　　　C、不是的

计分：1—9，A.2　B.1　C.0　　　　10—13，A.0　B.1　C.2

请在这里填上你的总分：

下面，看看我们提供的答案？

优：17—26分：最优等级——情绪稳定

处于这个区间的人，他的情绪一般会很稳定，即便遇到较大的挫折，也不会大起大落。他的意志力也很强，处事冷静，思维理性，总能第一时间直面现实，不逃避问题。他也具有很强的行动力，如果有一件事情会让自己难堪，就一定当面拒绝，而不是得过且过。

良：13—16分：合格等级——情绪基本稳定

如果得分在这一区间，说明你的情绪管理能力基本合格。虽然你的情绪会在遇到刺激时产生起伏，但不会失控，经常略有波动就能逐渐自我控制。你可以沉着地应对一些一般性的问题，虽有受挫感，但并不至于犯下大错。当然，这一区间的人在应对突发状况或较大事件时，自我控制能力还是较弱的。

差：0—12分：较差等级——情绪失控

假如你的得分在这一区间，说明你的情绪问题较为严重，也是一个特别"不会拒绝"的人。你经常烦恼缠身，无法摆脱；你可能不断地用一个新的错误弥补旧的错误，很难冷静地对待生活和工作中别人提出来的各种要求。向别人说"不"，这对你来说并不简单，因为你很容易受到环境和他人的支配而不知所措，会被他人利用，会被轻易说服，但事后又极度后悔。所以，这种情况的高频率出现，在你身上引发了一系列的情绪"并发症"，比如急躁不安，失眠，焦虑和易怒等。

转换思维，消解挫折感与罪恶感

皮特经常光顾我的机构，他每次来都有新的心理感受，但都是反面的。去年12月份他因为和妻子吵架，事后自责甚深。在圣诞节的夜里两人再次发生争执时，对妻子提出的一个过分要求没有拒绝，然后深夜走出家门，喝得酩酊大醉，暴怒地砸坏了一家超市的大门，被警察逮捕。今年3月份，他在公司受到不公正待遇，和上司产生摩擦，当场窝囊无比的皮特，回到家又打了自己的孩子，被儿童保护局破门而入，差点失去孩子的监护权。

"我每次都很自责，有很深的罪恶感，认为是自己无能，才使生活发展到这种境地。"皮特懊恼地说。

但这正是人们最常犯的错误——拿他人的错误惩罚自己。虽然别人做得不对，但自己无法当即解决，没有勇气提出对方的过错，反而藏在心里，伤害自身的情绪平衡。一旦时机合适，有诱因引爆，就会爆发出来。

因此，解决这一问题的首要原则，就是不要被其他人的恶意情绪干扰和主导自己的选择。虽然我们不能完全地超然物外，对他们置之不理，但也不可以过度分心，打乱正常的生活状态。就像皮特偶尔会产生的罪恶想法："我简直要被他气死了，那个浑蛋，我一定让他尝尝我的厉害，我必须给他点颜色瞧瞧！"

与其说他在攻击别人，不如说他在痛恨自己——当场咽下了这口气，只敢在事后狂叫。

"在受挫时，你为什么如此愤怒？"

皮特郁闷地说："可能因为上司老在背后讲我坏话，也可能由于妻子总是当着邻居的面给我难堪，让我难以接受，但当时又不方便发作的原因。"

"但是，这样你就有权利气急败坏了吗？对方激怒你的目的一定是让你大为恼火，变得情绪失控。你的妻子也许对你其他的一些事情有所不满，你应去沟通，而不是愤怒。否则你就完全中计了，非但没有任何益处，反而毁了你的生活。"

在现实生活中，这一类情况是如此的普遍，人们是如此地容易被激怒，这不是一个好的习惯。一方面，这样会给别人留下情绪化的印象，让人觉得你是个情绪怪物，不敢和你沟通，也不会给你好机会；另一方面，这毫无疑问会影响到你自己的生活和工作。因为这些互相对立的情绪占据了你的内心，打乱了你的理性思维模式，牵扯了你思考其他重要事情的精力，最后就让你在不知不觉的情况下成为了一个连你自己都讨厌无比的人。

皮特的情况有些严重，他很难将心魔从体内驱逐出去。他的本能习惯已经建立，总是在想——这人如此伤害我，我岂能原谅他？或者：假如我不发作一下，妻子是不是会瞧不起我？

因为这样的理由，皮特在工作和生活中都难以放弃仇恨。他每天带着怒气和怨气上班，下班，面对上司和妻子，甚至面对自己的孩子，就成了一个不折不扣只能惹祸的人。这不但解决不了问题，反而给他自己带来了巨大的麻烦。

"你的老板怎么看待你？"

"你的同事如何与你相处？"

"妻子又如何审视你呢？"

我让皮特明白，这么下去他将难以开展自己的工作，生活也将变得一团糟糕，惹上无休无止的麻烦。上司对他的印象变坏，同事不断地疏远他，妻子每天都在误解他，孩子也畏惧他。最终，罪恶感伤害了他自己，完全摧毁了他的生活。

1.你只能选择活在当下

我们每个人都只能活在当下，谁也没有办法回到过去。这时你应该静下心来，好好地想一想："我到底图什么？"只有当下的生活才是重要的，过去只是我们大脑中的历史，因此，放下过去，面向未来，这是唯一的选择。

2.从挫折中寻找积极的东西

挫折已经产生了，愤怒也已经是过去式。你可能受到了伤害，但即便你不选择宽容，仇恨和罪恶感又能为你带来什么呢？

好好想一想这个疑问，你会看到，在挫折降临时，除了焦虑、烦恼、狭隘、痛苦和无穷无尽的纠结之外，纠缠在坏情绪中，你不会看到任何积极的东西。你不走出来吗？那么就只能待在这里面，永远拔不出腿来，而且时时刻刻都要拿"过去"惩罚你的现在和未来，你的情绪将更加糟糕。

因此，你要拨开挫折的灰烬，在最下面找到明天的希望，而不是带着过去的负担上路。你要知道，若你背负挫折感走进明天，你没有办法适应激烈的竞争，只能被这座大山压垮，很难再次爬起来，就像皮特的愤怒一样——他除了虐待自己，对于过去毫无裨益！

3.换一个新的角度，产生新的想法

现在，你到了换一个角度的时刻。坐在椅子上，合上过去这本厚厚的书，告诉自己："那些让我感觉很不爽的事情已经影响到我的生活了，我还要将心情变

得更加不堪吗？我难道不能产生强大的勇气来把后面的事情做好吗？"

　　我相信，这才是新生的开始。而且，此时你一定能够意识到——我们必须保护自己可贵的精力，小心谨慎地把它们用到今天和未来，而不是浪费在对于灰暗过去的怀念和罪恶感上。因为昨天你已经对不起自己了，就不要再失去你的现在和明天——这种牺牲毫无意义。

"负面经验"可以毁灭一个人的精神

有人说:"老板总是把我的功劳据为己有,不管干什么,只要做出成绩,就成了他的功劳。这种事经常发生,而且更可恨的是,同事也都站在老板一边,没人愿意帮我说话,人人都对这种事习以为常。"

有人说:"我对这个社会很不满,因为几乎每天都有我无法容忍的事件,我对社会上的不法事件十分愤怒,也感到特别焦虑。"

有人说:"我不想原谅那个家伙,因为我怕还有下一次,他总这样,过去的经验已经证明他是一个得寸进尺的人,我该怎么办?简直一点办法都没有!"

有人说:"我的努力总是换不来回报,而别人却可以。对此我一肚子的怨气,所以经常向同事发火,向家人发火,甚至打过我自己的孩子。但是,我在寻找解决问题的方法时却遇到麻烦,根本没有思绪!"

有人说:"他们觉得我不够宽容,这是我缺乏朋友的原因?在我的生活中没有沟通,没有倾诉,也没人给我出主意。事实上,我感觉自己的人生就是一座监狱,更可怕的是,我连一个做伴的狱友都没有。"

有人说:"我认为自己在工作中遇到了太多的不公平对待,从老板到客户,从客户到同事,他们都不是好东西。我在生活中也找不到什么乐趣,就好像一直受欺负的只有我自己，我无法拒绝那些过分的要求，心情简直太坏了。总的来看，我要解决的问题实在太多了，但我认为他们每个人都应反思，这不是我的责任！"

在我们心中，藏着很多不良情绪，但在我们仔细追寻它们的根源时，你会发现虽然自己十分愤怒和不满，但有的并非基于客观发生的事实。只不过是你不由自主地假设了一些对自己不利的事件，自己设想和幻想了一些不公平的场景。在这种情况下，他对外界格外警惕，并形成了大量的负面经验。

比如——

当有人背着他去找上司汇报工作时，如果出来后还对他遮遮掩掩，他就开始怀疑："这人是不是去打我的小报告了？"

当同事正在聊天时，如果自己走过去，他们就不说话了，他就觉得这帮人肯定在说他坏话。

当有个人今天在电梯间没有和他打招呼时，他就觉得自己得罪了对方，对方一定想办法算计他。

当对方用很特别的语气和我说话时，他就忐忑不安，猜不透对方在想什么，也无法做出明确的判断，因此左右两难。

生活中，你觉得有人总是针对你吗？

皮埃尔说："基于这些负面经验，影响到了人们的判断力。人们也经常会陷入到很多根本没有价值的忧虑之中。人们总是觉得有人针对他，或者感叹自己为何如此倒霉呢？他们伤心地述说，并呼唤一个救星，但实际上这些情况大多是他们自己造成的。"

在珠海工作的王小姐喜欢把自己装扮成圣人，把别人视作是"小人"。这当然让她的生活一片混乱，而她已经苦不堪言了。她说："我总是喜欢给自己制造一些相应的情绪，比如一件事情不顺利，我就把责任推给环境或者自己身边的人，然后为自己寻找理由，我会告诉自己，完全是某个人的问题，是他在暗中搞鬼，才让我没有顺利地实现目标，因此他们都是坏人，我自己很无辜。"

她感觉自己已经得了严重的忧郁症，因为对于事情的看法总是悲观的、消极的。她没有任何有积极意义的东西可以用来寄托，也缺乏做事的动力，特别容易临时变卦，不时地欺骗自己和别人。她当然也不是一个果断和勇气的人，即便遭遇了一些小小的挫折，她也会突然变得颓废起来，躲在家里不接电话，不出去工作。

当朋友劝她振作时，她的态度往往是："我就这样，你不用管我！"

王小姐对于生活的态度是悲观和空虚的，她对于人际关系的态度是消极的。当然，更重要的是她对除自己以外的所有人都充满了怀疑，也积累了太多的负面经验。这就造成了她不管干什么，都不会思考自己应该承担的责任和必须付出的东西，而是眼睛只盯着别人。

所以，当你拥有了太多的负面经验时，不管是必须做或者并不强制你的工作，你都统统提不起兴趣。在生活中你没有什么动力，当然也没有远大的目标。而且，你会有失眠的习惯，或者走向另一个极端：经常睡懒觉。我们在咨询中发现，这样的人即使没有工作也容易疲劳，他们可能刚起床就又困了，于是吃完饭又去休息。

后果是严重的。因为带着这样的状态去工作，一是没有基本的注意力，二是缺乏必要的工作效率。而且，他还会觉得自己的工作毫无价值，没有任何意义。这就是为什么有较强抑郁历史的人会产生自杀冲动的原因。因为他们厌世，也憎恶生活。

避免成为悲观主义者

在我看来，悲观主义者的表现通常是：他们习惯性地将一切积极和乐观的现象视作噩梦的开始。不管进展有多顺利，他们都觉得在不久的将来会有一个陷阱等着自己，马上就会掉进去了，而且毫无解决之道。

当你绞尽脑汁打消其疑虑时，无论你提供了多么合理的说辞，他们都能从中发现悲观的元素，并把它迅速放大扩充，成为新的"陷阱"。在生活中，悲观主义者是不幸的，他们出于对未来的不看好，因此在任何事情上都会表现出自己不思进取的一面，也不懂得拒绝掉这些消极情绪的侵袭。

居住在波士顿的夏丹利女士目前就陷入了类似的忧虑。她说："周老师，我在市郊开了一家超市，已经营业六个月了，生意还可以。但我却想关掉它，因为我担心如果真的能赚很多钱，那么我的收入就会大大地超过丈夫。我的丈夫在电信部门上班，是一名普通职员，每月赚不了多少钱，在可见的将来，他也没有暴富之机，显然他是一个不会发财的人。"

我问她："夫妻二人有一个能增加家庭收入，这是一件好事啊，那你担心什么呢？"

夏丹利忧心忡忡地说："不，周老师，我认为恰恰相反，这会令他产生危机感，进而感觉我不再那么可爱了。这会让我们的婚姻出现问题，就像那些电视剧中的故事一样。到时，他不爱我了怎么办？对此，我只要稍一想到，就变得无法入眠，脑海中时刻都闪现出这些可怕的结果。"

因此，夏丹利女士对于自己的事业失去了"关注"，变得不再那么关心它的经营。她每天都会"无意"地犯些错误：在傍晚黄金时段突然宣布下班关门，或者有一些紧俏的产品，她忘了提前给供货商打电话，导致最近半个月的销售直线下降。她在有意地促使自己的生意破产，以避免"老公不再爱她"这个假想中的后果。

我和她共计谈了8次，超过了3周时间。经过反复开导，她才决心将家事与事业分开。我让夏丹利明白，一个人对于婚姻挫折的恐惧，不能成为主宰自己事业成败的关键。否则，按照这种悲观主义的逻辑走下去，她早晚还是会失去自己的丈夫。夏丹利明白了这一点，然后将重心放到了超市的经营上，后来把自己的事业做得很好。当然，她的老公也依然爱她。

不少人都在莫名其妙地担心："即便我一开始如愿了，可到最后还是会失败的。"他们觉得悲观的现实绝不会放过自己，某些挫折一定在某个路口守株待兔，等着他主动送上门去，给他致命一击。基于这种心态，他们宁可蹲在原地不动，也不敢采取行动。他们总是不敢拒绝坏消息，却勇敢地拒绝了上帝的礼物。这是一种奇怪的心理现象，但这恰恰是造成多数人失败的原因之一。

去年，我在给洛杉矶一家公司做工作心理学培训时发现，有一名叫作布莱克的市场部门的员工很想调去销售部门工作。他觉得市场部门的工作太简单了，只有做销售才能提升自己的价值。但是他同时又十分担心："假如我真得到了这份工作，我是否能够胜任呢？"

在这种心理的影响下，即便上司有意给他机会，布莱克也总是不经意间在关键时刻出现错误，又毁掉了自己获得这份工作的机会。他无法拒绝这种悲观情绪的控制，无法把它赶出自己的内心。于是在那段时间，他迷恋上了泡吧，在公司外面的酒吧，人们经常可以看到他喝得酩酊大醉的身影。布莱克在逃避，并且被自己的悲观主义情结绑架了人生，很难自己从里面跳出来。

观察了一个月后，我向他的行政主管讲明了这个情况，告诉他原因。然后，我请布莱克参加了我的培训课程，进行了两个月的心理调节。到最后，他终于坦然地接受了自己体内乐观的能量，不再拒绝野心的号召，进入销售部，成为了一名能干的生力军。

很多人在下定决心去做一件可以使自己的生活发生重大变化的事情时，也许他会发现一些奇怪的心理——他制定了计划，也信心满满，但却临时止步而不敢向前。这是因为他害怕计划的失败——他可能无法接受任何期望之外的结果，特别是有浓重的悲观情结，惧怕听到那些对自己不利的信息。在这种心理的主导下，他的人生就经常止步不前，出现挫折。只有避免成为这样的人，不让悲观情绪主宰头脑，你才能拥有良好的心态，获得平衡的生活方式。

建立一座"情绪监狱"

早在7年前，我们就在咨询中发现，对于情绪进行长期的观察和交流，不但有助于我们预测自己的未来状态，还可以同时建立一个能够识别自身情绪变化的良性机制，把那些不良情绪统统关进"监狱"。对自己的情绪进行跟踪有说不尽的好处，其中最重要的一点是：它可以帮助我们在情绪失去控制之前的15秒钟之内就敏锐地觉察到它，并且采取有力的制止行动，修正自己的内心状态，不至于做出失控的行为。

方法很简单：

（1）记录自己的即时情绪

（2）书写自己在某些事件后的感悟与理解

（3）建立自己的健康日志

对于以上三点，争取每天都用笔记的形式记录下来，把自己身体的即时反应，像心跳、睡眠、体重、心情等数据毫无遗漏地记在纸上，便于每周进行一次总结。

睡眠：睡觉好不好？

能不能记下每天睡觉的时间?

每天醒来的时间?

你是否经常失眠,应对之策?

饮食:吃得怎么样?

吃早餐吗?

记下三餐的时间了吗?

饭量的变化是什么?

情绪频率:很容易波动?

你什么时候会生气?

记下生气的次数(每周)?

记下每次情绪波动的时间?

有没有记录自己生气的原因?

工作时长:工作压力很大吗?

你的工作有无休息日?

你每天上下班的时间?

工作的劳累程度?

工作的心情好坏?

你在工作中有敌人吗?

敌人让你愤怒和感到压力了吗?

记下每天的应对之策和效果?

天气:能不能记下每天对天气的看法?

你对于天气的敏感度有多大?

你平时很在意天气的好坏吗?

如果天气不好，记下你的反应？

在天气不好时，你平复情绪的方法是什么？

情绪指数：情绪波动的范围和性质？

你很容易生气吗？

什么时候感觉有幸福感，时间长度？

伤心的频率？

什么时候感觉到平静，经常有吗？

你如何看待自己的形象？

你喜欢今天的自己吗？

健康：你的身体指标怎么样？

瘦弱还是肥胖？

体重又增加了吗？

如果你偏向肥胖，你觉得原因是什么？是因为吃得太多吗？

当这种记录持续一个月以上的时间时，你就会发现，自己已经从对自身的情绪数据的收集中了解到了更多的东西——你可以清楚地看到一些在过去曾经对它视而不见但又一直存在的问题，还能发现它背后的原因。你也能由此调整自己的思维角度，从本质上找到解决的方法。

这种记录是枯燥的，但只要持续超过两个月，神奇的效果就会出现。你的亲身体验一定会不断地告诉你每天的经历，让你从中体会到情绪管理的好处，轻易易举地发现那些提升自我控制力的方法。在这个过程中，你也能对别人产生理解之心，不至于再像以前那么愤怒或羞涩。

问题："这种方式需要坚持多长时间呢？"

答案：一直记录下去，让它成为自己终生的习惯。

最后，我的一份忠告是，当你开始追踪记录自己的各种情绪并建立日志时，我并不是让你在记录的同时把情绪积攒下来，而是对数据进行针对性的收集。与此同时，为那些不良情绪建立一座监狱。这是关键的目的，尽可能多地看到问题，再想办法去处理，如此就可做到有的放矢了。

找到答案：为什么会有消极的感觉？

不管我们的体内产生了何种情绪，要为之找到一种明确的答案都是困难的，但也是至关重要的。因为我们都知道——只要有1%的坏心情，就会导致我们的生活或工作产生100%的失败。对于这一点，我相信你没有任何疑问。消极情绪如同埃博拉病毒，传播速度惊人，同时很难去除。但只要你有勇气和毅力对它寻根问底，就一定能查找到原因。

鲍夫特·珍："我是个经常得罪人的新人！"

珍是一位刚从加州州立大学毕业没多久的新人，她如愿以偿地进入了自己向往的大公司。加入这个行业是她早在中学时代就有的梦想，面试被录用的当天，她兴奋之极，请朋友和亲人大吃一顿，但苦日子才刚刚开始。虽然在入职前经过了严格的培训，但是珍发现这对于解决自己在工作中遇到的问题，没有太多的实质帮助。因为比处理实质工作更困难的是人际关系。

珍说："我觉得自己无法猜透同事和上司的真正意图，总对他们的行为产生误判，因此说错话，做错事。这让我常常得罪人，工作也不断地受挫，现在我都不敢开口了，别人说什么我都赶紧点头，也不敢反驳，生怕自己又误会了别人的意思。"

　　作为一名新人，珍缺乏自信。这是她掉进入职困局的主要原因。想让自己摆脱目前的苦恼，只有建立对自己的信心，不再把别人的想法看得那么重要，至少不要让他们成为压在自己身上的一座大山，也别再把这家公司看得那么神圣。如此，才能从根源上解决她的困惑。

哈迪亚："我有太多的不满！"

　　哈迪亚已经在目前工作的这家公司兢兢业业地服务了六年，可是每次升职时，他都成了那个被他人挤下来的对象，是一个彻头彻尾的人事斗争的牺牲者。哈迪亚几次去找老板和顶头上司理论，但他们总有更合理的说辞。最可恨的是，哈迪亚发现一些和他同级的同事的薪资经常高过他，虽然水平一般。那些人形成了一个小圈子，任他费尽了心思也无法加入进去。这是对他的集体排挤，让他极为不满，但又无可奈何。

　　哈迪亚说："我气坏了！现在我想要跳槽，但也担心找不到薪资更好的企业。这让我倍感压力，情绪总是情不自禁地特别愤怒或者特别沮丧。仅仅上个礼拜，我已经失控地顶撞了老板两次。我估计再有下一次，就肯定被扫地出门了。"

　　哈迪亚的不满来自于人事斗争的失败。一般而言，在公司内部被众人集体排挤者，总有他自己的责任，并非全是大家的原因。即便真是他们的错，他也应该反过来想一想：公司更看重他一个人，还是其他九十九个人呢？没有哪家公司会为了一个人牺牲掉全部。所以，哈迪亚想释放不满的根本方法，是反思自己的问题，不要再攻击上司和同事。

大卫："我感觉自己压力太大！"

大卫今年的业绩压力比去年又翻了好几倍，他发现自己开始长白头发了。压力大到惊人，以至于他每天不管睁开眼睛还是闭上眼睛，业绩报表总是不断在眼前浮现，让他痛苦不堪。而且，他还有房贷要还，孩子明年要上学，妻子的身体不好，也经常去医院。如此繁重的生活使他身心俱疲。

大卫说："现在同事们聊天一张嘴就是工作、抱怨、压力，我们都成了不停被鞭打的老黄牛，谁敢偷懒就立马被拉去屠宰场。我最近天天失眠，不知道怎么才能减轻一些压力。"

压力无处不在，压力也让人失衡，做出错误举动。大卫的问题在于他的经济负担较重，而他的收入又不能满足这些庞大的支出。他只有两个选择：要么继续在公司奋战，争取业绩达标；要么离开，找一份较为轻松但收入不会降低的工作。

卡瑞："我对任何工作都不满！"

如果你问南卡州的卡瑞她喜欢什么工作？她一定告诉你，工作本身就是痛苦的，你喜欢痛苦吗？意思是，她不喜欢一切工作，哪怕让她在办公室里睡大觉，她都会嫌办公室里没有一张软绵绵的席梦思，也没有一台可播放综艺节目的电视机。

因此，卡瑞在一年内换了七次工作，在每个公司都待不过试用期，往往一两周就离开了。她的辞职理由不断地推陈出新："老板的发型太糟糕了，不合我的胃口""同事的形象太差了，且缺乏情趣""公司的茶水间里竟然不提供咖啡，也不让听音乐，太没劲了"。

不知道全世界有多少像卡瑞这样的女孩？她的问题是努力实现"幻想人生"——意图找到自己梦想中的桃花源。一天找不到，她的情绪就会消极一天，人生态度也会堕落一天。但是，她也在这种对时间的浪费中摧毁了自己的未来。

我相信上述情况，每个人都有类似的经历和感悟。假如有一个专门为我们测量情绪指数的工具，把它放到办公室或家里的某个地方，它会不会突然爆表呢？因为指数要么太高了，要么太低了。我们总是很难找到一种平衡的情绪状态，只有极少人可以在自己的生活中拥有较为正常的乐观情绪。

为了彻底战胜消极的情绪，我们需要给自己培养一种乐观的工作态度。"提问题"并给出答案的方法非常有效，但前提是你能每天坚持。

"最近发生的这件事，我的思考方式正确吗？犯了哪些思维错误？"

"对我而言，这件事是属于偶然情况还是一种必然的常态？"

"是我自己的原因，还是其他人的责任，才导致了重要工作的失误？"

"今天，我在处理重要工作时，是否提前考虑到了事情最坏的状况并进行了积极的准备？"

"这件事情有更好的处理方式吗，还是只想到了消极的办法？"

"我有没有在处理这件事的过程中展示自己的优点？"

"今天，我表现得比其他人差吗？"

"明天，我准备怎么办呢，应该更新自己的计划吗？"

"将来遇到类似的问题时，我还能表现得更加积极乐观一些吗？"

针对这些问题，进行逐一回答。我建议你在每晚睡前进行这项工作，然后在脑海中设想一下更好的解决方案。你要把每一件经历过的事情都冷静地进行解剖，看看哪儿需要加以改进，哪儿需要提高自己的积极性，哪儿出了情绪问题以及消极因素在其中产生的危害。

在此过程中，你要避免形成一种恶疾："对这些问题我什么都知道，但我什么都不想做！"如果你经常在工作中找到快乐，在生活中体会快乐，你就能始终保持精神的饱满，提升自己控制情绪的意志力。

CHAPTER SEVEN

第 七 课

主动表达:
用积极的沟通展示态度

　　这个世界就是由无数的人组成的,只要懂得了分析人,了解了人性,把握住了人们的心理弱点,你就充分地抓住了表达胜利的钥匙,获取了打开他们心门的密码。

害羞不是优点，而是你的软肋

这个世界的现实就是——当你不好意思的时候，别人都在好意思。"好意思"并不仅是一种态度，还是一种明确的人生思路，是生存观念，也是竞争的工具。有句话说得好："思路决定出路，观念决定未来。"你如何思考，就将怎样成功；你有什么样的观念，就会有什么样的人生。没有人能逃避这一规律。

你可能并不知道的内向的缺陷

1.内向让你不敢表达

自己的想法不好意思说出来，只能等对方去猜。但问题是，现代社会已经没有多少人有这样的耐心和好心情。

2.内向让你失去机会

外向者比比皆是，他们敢于表达，敢于争取。相比之下，一个害羞的人才是得不到太多关注的。即便你的才能比他们强出百倍，也少有人可以看到你。"酒香不怕巷子深"，但也要主动散发香味，才能让人闻到。

3.内向让你不能拒绝

内向者通常敢怒不敢言，想说不能说。在犹豫之间，就丧失了自己的原则，被人得寸进尺，侵吞利益。等你鼓足勇气想开口时，其实已经错过了最佳时机。

4.内向让你失去朋友

害羞固然可被人视作善良或其他什么美好的品质，但问题是——识货的人有多少呢？内向必然交流不善，沟通不佳。在信息资讯一日千里的今天，没有多少人愿意和这样的人聊天，当然也就很难交到朋友。

害羞者只能成为一名"佣工型人才"

斯普卡沃对我说："不少人错误地认为，只要自己聪明、智商高，就能找到一份好工作，在职场中也能呼风唤雨。他们信奉实力为王，觉得害羞一点、内向一点也无所谓。但在现实生活中，我们看到的往往是反例。如果一个人只是注重提高自己的智力水平，忽略了外向的表达能力，他就只能成为一名佣工型人才，无法在事业上取得太高的成就。"

佣工型人才是什么呢？简单地说，就是被雇佣并被支配。他们只能被支配和驱使，如同一个螺丝钉那样，被拿去成为工作流水线的一部分。他们没有拒绝的能力，也不被授予拒绝的权力。在工作中，这样的人缺乏独立思考的能力，当然就没什么机会更上一层楼了。

现在你可以想一想："我的表达能力可以打几分？"

假如你还想获得人们对你的帮助，并在实际的工作中维护自己的利益，拥有选择未来的权力，就必须避免害羞这个缺点。害羞在有些时候是可爱的，但在大多数时刻，它会让你看起来没有太多价值。一个总是害羞的人，即便他遇到了自己生命中的"启蒙者"，碰到了工作中的导师，也很难被人看重。

因此，学会主动表达的第一步，拥有拒绝能力的第一个基础，就是审视并纠正自己体内的害羞基因，先学会积极主动的沟通，提升自己沟通的能力。

沟通能力的增强让一个人外向起来

沟通能力就是说话的能力。一个人不会沟通，就变得内向，既说不好，也不敢说，长此以往就害羞起来，也不敢主动表达了。长此以往，他会从沟通能力的次优级水平逐渐下滑，一直下降到非常差的水平。这就是为什么我经常说："害羞本身还不是最坏的情况，害羞引起恶性的连锁反应，才是最可怕的。"

良好的沟通是我们的问题得以解决，事情能够办成的最基础的一环，善于沟通，就等于掌握了一门人生管理的科学，同时也能让我们自身的知识、技能在社会生活和工作中得以更好地发挥，保证你在各个领域的成功。与人沟通的功夫是高是低，说话的能力是强是弱，对于每个人来说都是至关重要的。

在生活和工作中，很多人觉得自己跟他人沟通有障碍，觉得别人怎么都理解不了自己的意思，自己传达出去的信息往往会得到南辕北辙的反馈。想拒绝？很无力；想沟通？又不得其门而入。这样，不仅自己感到郁闷，也令对方心生困扰。如此一来，就会因沟通障碍而催生无数的矛盾，到最后更是什么事情都谈不好。

产生这种局面的原因往往有两条：

1.对信息发现和感知能力的不对等

同样的一则信息传达给不同的人，收到的反馈却是大不相同，这是为什么？

信息在传达和接收的过程中，会受到接收人主观因素的影响。由于接收者所处的地位、年龄、环境、受教育的程度、与你的关系亲疏等因素的作用，信息在到达接收人那里的时候会被不同程度的过滤甚至是扭曲，接收人会根据自己的情况做出理解、判断。

也正是这种感知能力上的差异，使得沟通的效果大打折扣，从而导致了时间、财力、物力等成本的叠加和损失。

2.虽然问题摆在面前，但却看不到事情的本质

很多问题并不像它的表象看起来那么简单，其实质有着更深层次的用意。沟通的过程也是如此，仅流于问题的表面是找不到关键所在的。我们只有触到问题的本质，从实际情况出发，深入调查了解，这样才能避免很多弯路，从而节约成本。

举个例子来说，假如你是一名管理者，你有一名属下近来工作态度非常消极，很多事情总是出差错。如果仅从表面来看就是员工消极怠工，工作不积极，那么这个员工是不合格的。这时你要开除掉他吗？但是假如你能够多方了解他的生活，会发现可能是这名员工近来碰到了难题，如果你能帮助他解决，不仅能赢得员工的尊重和感恩，同时也及时地挽救了一个消极的人。

也就是说，我们在拒绝一件事情之前，必须先通过沟通看到它的本质，然后再做出决定。这样一来，我们的决定才是尽可能客观的，而不是主观和错误的。

怎样才能提高我们的主动表达能力呢？

不少人的表达能力有问题，就是出现在语言的总结能力上。他们在自己的心里想的十分清楚，也知道是怎么回事。但是只要一表达，脱口而出变成了语言，就会思绪混乱，逻辑诡异，说出来的话让人感觉莫名其妙，不清楚他到底想干什么，也不知道他如何推论出自己观点的，所以体会不到他的说服力，那么他的拒绝和肯定都没什么力量，别人也不信服。

在这个过程中，经常会出现的两种逻辑的混乱：

（1）心是非口。我心里想的是这样，说出来却变成了另一个意思。

（2）不知所云。我自己都不清楚自己要说什么，听的人更是云里雾里。

这两个逻辑混乱问题往往导致表达信息的一方词不达意，自己说了一大堆，满以为对方全然理解，其实对方根本不知道你在说什么。有时候你可能传达了很多零散的信息，要素也很多，但是你并没有把这些信息串联，因此对方才会听不明白。

越不说，就越不敢说

我们每个人都应具备阳光心态："我只要主动表达，就能得偿所愿！"在具体的沟通中，你越是不说，随着时间的推移，你就越不敢说。比如拒绝就是如此，第一时间如果没有开口，再过几分钟，你就丧失了开口的勇气。

在上个世纪的某一天，华盛顿大学的几百名学生有幸请来沃沦·巴菲特和比尔·盖茨演讲。有一个学生问道："你们是如何变得比上帝还富有的？"这是一个幽默的问题。对此，巴菲特的回答是："我的答案非常简单，原因不在于智商，在于他的性格、脾气和习惯。为什么聪明人会做一些阻碍自己发挥全部工效的事情呢？原因在于此。"对于巴菲特的回答，盖茨也深表赞同。

什么是性格、脾气和习惯？你是否敢于表达，是否拥有第一时间表达的习惯，就是其中的一种。无论是在工作和生活中，它都起着非常重要的作用。对于一个人的成功而言，它其实就是一座坚固建筑中的钢筋铁骨，而知识不过是外围的混凝土。

（1）假如你想成功，你一定得知道自己在做什么，想做什么，以及必须做什么。

（2）假如你想活得有意义，一定要清楚哪些人对自己来说非常重要，然后努力建设一个通联的空间，从他们那里吸收积极的力量。

（3）假如你想成为拥有力量的人，一定要敢于表达，而且是主动表达。

当我问一个人他喜欢什么或者对什么感兴趣的时候，我最害怕听到的回答是"不知道"。他们不敢说出自己的想法。可现实中，偏偏许多人都在对我说，他们确实不清楚自己到底想要什么，或者有什么东西是能让他们感兴趣的。他们越不说，时间久了，就越不知道自己想要什么了，也不知道自己的人生目标。

当你无法表达出来时，实际上，你就迷失了自己的方向，找不到自己未来的出路了。

刚从普林斯顿大学毕业的华金迷茫地对我说："周老师，我的专业课很好，我认为在知识层面自己是全美最优秀的大学毕业生之一，但我在面临人生的重要选择时，在考虑进入哪一个行业、从事什么工作时，却突然发现自己就像被关进了一栋完全封闭和黑暗的房子，门口在哪儿，我应朝哪个方向迈出脚步？"

我问他："你的感觉呢？现在说出来，不要听我的建议，先说说你的计划。"

他无言以对，半天没有讲出一句话。实际上，他的心中是有想法的，但出于某种原因——害羞或自卑，他没有勇气讲出来，也缺乏和我沟通与交流的信心。

像华金这种情况，如果一个人连他自己对于什么感兴趣都不知道，也不敢讲出来，他的未来确实有一点可怕。这种状态也是失重、孤独和没有方向感的。试想一下吧，如果我们对于自己的内心连基本的了解和认识都没有做到，连最起码的"表达自我的想法"都做不到，那么又如何来与别人合作共事，去经营自己的未来，去改变自己的命运呢？结果一定是不可能的！

我相信，人们即使不能明确地表达自己的心中所想，但也都会努力找到自己的兴趣，哪怕只是一丁点的喜欢，他也会很快确认这一事实。因为人们都清楚这十分重要——说出自己喜欢做的事情，以及告诉别人自己热爱什么确实无比重要。有些事情一定要让人们知道，才能被别人理解。否则，我们提高自己的目的又是什么呢？但前提是，你一定得让自己具备开口的勇气，必须使自己变得积极主动起来。

沟通之前，尽可能先了解对方

人们通过沟通来表达自己的意思，这是我们在生活和工作中最常见的交流方式。沟通是人的主要表达工具，特别是当面的沟通，这比书信、邮件和其他工具重要得多。沟通能力的好坏以及能否听懂别人说的话，代表了一个人最基本的沟通和洞察能力的强弱，也决定了一个人是否具备足够的表达自我的勇气。

雷亚在旧金山的一座电器公司的销售部门上班。他的工作能力很强，他每个月的销售业绩也都排在前几名。但是他却始终得不到升迁。不仅是他，他所有的同事都感到有些费解。但是后来，通过和我的交流，我找出了问题的症结。

原因在哪儿呢？在每月初主管让大家做月度计划时，雷亚总是会夸大其辞地声称自己可以签到几十个单子，比如可以拿下旧金山的佛莱顿酒店，可以拿下市中心的几栋写字楼重新装修的电器项目等。

他当然是有自信的，销售能力也超强，表达能力也很出色。但是在我看来，他这个牛未免吹得过大了，在开口之前并没有先了解实际情况，也没有调查研究公司同事的销售业绩，没有做到有备而言。所以，虽然到了月底雷亚的销售量仍然是名列前茅的，但是他仍然因为没有完成"计划"而使主管对他颇有微词，毕竟他吹出的牛被信以为真了。雷亚错就错在他给了上司过高的预期，最后却根本完不成。

　　雷亚的表现，其实就是沟通能力差的体现。虽然看起来，雷亚先生拥有很强的口才，敢说敢做。但在开口之前，他对于实际情况一点也不了解，也没有清楚地研究一下自己的上司是什么样的人，因此一旦说错了话，后果是很吓人的，上司不再信任他，也不再给予他任何重用。

　　沟通水平的高低，离不开一个人的学习和分析能力。只有同时具备了很强的分析能力，并事先了解自己的沟通对象，才拥有在任何地方站稳脚跟并成功发展的可能性。这种分析能力体现在什么地方呢？就是通过对于我们的沟通对象的重复了解和检查，帮助我们随时对自己的语言进行调节，让这些信息有效地为我们的人际关系服务，做到成功地表达，并实现我们的沟通目标。在沟通时，不做这项工作的人，他们在社交方面就容易产生问题，就会成为一个"话说得很多但却有气无力没有说服性"的人。

　　德拉格说："既然是沟通，就一定会有分歧的，这与我们要采取的技巧无关，再高明的沟通技术，也会遇到意见不一的情况。那么，我们怎样对待分歧，并且最终达成双方的共识？"

　　这是一个很好的问题。平时你与人争论、辩驳、冲突，有时候会赢，但那是一个空洞的胜利，因为你不可能赢得对方的好感。换句话说，不尊重分歧，只想凌驾于对方之上时，霸道的胜利是没有意义的。

　　那么，在迎来一场良性的共赢的沟通之前，我们需要做的工作是什么呢？

　　重点是——你必须学会分析一个人。而且，也要同时学会分析市场，分析更多的人。因为这个世界就是由无数的人组成的，只要懂得了分析人，了解了人性，把握住了人们的心理弱点，你就充分地抓住了表达胜利的钥匙，获取了打开他们心门的密码。因此，那些能呼风唤雨的成功企业家，都是能够看透大众人心、理解对方的深层需求的人。

我们需要了解的深层需求是什么？

（1）发现问题的本质。有时你只看到了一种表面现象，但它背后的本质往往与现象是相反的。

（2）充分参考别人的意见。因为当局者迷，旁观者清，一个人到底是什么样的，经常需要听一听别人的观点。

（3）发现一个人内心真正的需求。我们要找出这种需求，它不同于表面的需要，是隐藏内心的非常长远的目标，它也是坚固的，不是短暂和脆弱的。谁如果发现了对方这种需求，谁就能抓住对方的软肋了。

最后，通过了解来进行沟通，达成彼此之间的共赢是沟通重要的最后一步：

（1）先识别和找到哪个地方有异议，然后将异议讲出来，摆到桌面上，光明正大地拒绝对方无理的观点；

（2）找出异议的原因，到底为什么有异议？并且要寻找到一个共同点，确立共识；

（3）提出建设性的意见，比如你为什么会与对方有分歧呢？冷静地想一想，再诚实地讲出你的理由；

（4）详细地说明原因，解释你的理由，告诉对方你为什么坚持这样做，以及为什么会拒绝他的要求。在进行这一步时，必须有逻辑性地逐条解释，让对方有充分理解的时间；

（5）最后一步，就是达成共识，先满足对方的利益，再满足自己的需求。双方要统一立场，抓大放小，进行积极的商讨，最终消除分歧。

好的开始决定一半的成败

对一次成功的表达和沟通而言，开头特别重要。但如果你一切都做得很好，却遭遇到了对方的沉默，问题就比较严重了。假如沉默是由对方造成的。你应该采取补救措施，尽可能表现自己的豁达、宽容与淡定的素养，而不是指责和怪罪对方。

你要知道，有时候，沉默会在对话中被作为一种"观察手段"，有的人故意采取这种方式观察自己的交谈对象是否拥有足够的涵养——如果这时你坐不住的话，无异于"自我暴露"。

1.假如是他对你的话题不感兴趣，才不想开口？

从他的情绪中判断是不是这个原因，然后马上转移话题，找到对方乐于谈论的事情开始新的交谈。你也可以根据具体情况，来创造机会让他自己选择感兴趣的话题。

2.假如他对你要谈到的东西或你的拒绝没有做好思想准备？

有时候对方虽然对该话题很感兴趣，但由于准备不足，就会出现不知从何说起的尴尬局面。或者是，他可能以为你一定答应他的条件、请求或观点，没想到你一开口就拒绝了。这会令他措手不及，也可能以沉默应对，对你的话不理不睬。

这时怎么办？你应该以引导性的交谈来探察和诱发他的灵感，使他的思维活跃起来。就像泄洪一样，你要找到泄洪口，再掘开堤坝——这时思维的洪水就倾泄而出了，你们的交谈自然不会沉默。而且，你能在这种活跃的讨论中充分地说服他。当然，在这个过程中，你一定不能不好意思，否则有被他打败的可能性。

3.假如他对你有很深的防备或成见，所以用沉默来对付你？

不管你说什么，怎么说，他都不理你。那么这种情况无疑是非常严肃的，你要认真对待。思考一下他为何防备你，反思一下哪儿做错了才给他留下了如此不良的印象。然后，努力去创造一种非正式的交谈气氛，让他知道你是坦诚的，不管是什么观点，你对他都有一颗真诚之心，并且支持和鼓励对方也坦率地与你交谈。

同时，你也不要急于反驳或否定对方的观点，先等他说完，再给出你自己的解释。用这些步骤来逐渐消解他的疑惑心理，只要能避免他转身离开，可以让他坐下来和你交谈，你就取得了胜利。

4.假如是他过于谦虚谨慎，生怕你猜中了他的心思，才造成了这种尴尬的局面？

我经常对咨询者说，这其实是最容易解决的问题。你只要增强交谈的竞争气氛就可以了，用热烈而且有趣的话题激发他的表现欲，促使他进入交谈，打破双方的沉默气氛。同时，在这种表达中你要加入自己比较真实的观点，避免对方继续误解你的意图。

开头受挫——为什么不反思一下你们最近的关系呢？

如何才能打破由双方关系造成的沉默？反思是必不可少的一步。这既是对过去的总结，也是对未来你们之间的关系定位的思考。

1.你们的关系不太深？

绝大多数尴尬是由双方"互不了解"导致的。初次见面的朋友、同事、客户都容易形成短暂沉默的局面，开头很难。因为大家都不知道谈什么好，也不知道对方的兴趣。对这种较为陌生的关系，那么就应当主动地进行自我介绍，先于对方站出来，充当那一个热情的人，打开他的话匣子。

我们都知道，在社交中新建立一段关系是困难的，因为人们习惯性地会采取防卫姿态，先试探对方，再决定自己是否继续或加深这段关系。所以，你使双方的交谈尽可能涉及更多的领域，从中发现共同话题，来降低对方的防卫心理。

2.你们在过去曾经有过很多的矛盾？

很多人互相非常熟，熟到了"过去是敌人"的地步，仇人相见分外眼红，要么激烈地打嘴仗，要么就是老死不相往来，见面之后不搭理对方。假如因为过去曾经发生的摩擦或隔阂而造成了你和对方之间的沉默，我建议你应该低姿态地主动开口，给足他面子，求同存异，向他传达友善的信号，这能大大增加打破沉默的机率。

3.你们因为观点不符，刚刚发生过激烈的争吵？

对于这种情况造成的交流不善，你在开口前一定要使双方都冷静下来，先退后一步，绕开造成争吵的障碍，去谈一些没有分歧的问题。假如局势还是太僵，你可以请求一个第三方加入交谈，调和气氛，打破沉默。

在可能的条件下，尽量排除这些难以预料的干扰因素，才能使对方积极地参与到交谈中来，愉快地结束沟通，而不是进行到一半就谈不下去了，造成双方不欢而散。对于沉默而言，它在多数时候实在不是说话的有益补充，所以每个人都应小心为妙。一旦交谈陷入沉默，就很容易杀死你之前做过的所有努力，让你的心血付诸东流，难以实现你要达成的目标，也难以说服对方接受你的观点。

始终明白自己要的是什么

好的表达能力的最大特点，就是我们都能迅速地说出自己的目的和禁区，向对方直接传达信息，并第一时间收到反馈。再说出你希望的目的，并且明确你不希望实现的目的后，沟通的关键阶段就开始了。这时，你就要开动脑筋去寻找可以实现对话、达成双赢的最好方式。

我们必须勇敢地承认，这并非一个容易解决和快速处理的问题。高效的沟通总是如此困难，说服和拒绝都不容易。不管是企业的内部沟通，还是与客户的商业谈判，我们都对沟通的艰难印象深刻。

有一位国内的创业者对我说："我发现沟通最主要的问题就是容易各说各话，虽然目的相同，也都很有诚意，但总说不到一块去，于是留下很多遗憾！"为什么各说各话？因为在表达的关键阶段，双方没有对上"点"，没有明确地讲出自己的目的。

不过，只要彼此都怀有最大的诚意，我们就可以通过调整自己看待问题的角度、改变理解问题的视角，来主动靠近对方，寻求接近。我相信，只要在坚持既有原则和谈判底线的基础上，不断地揣摩对方的心思，整合双方的共同需要，就必然可以找到相同的沟通节奏，让双方愉快而且高效地沟通，用最短的时间解决问题。

就像一位咨询者在我面前反思与总结的："我经常为了保存面子、避免尴尬而不敢讲出实质的东西，我悄悄改变了对话的目标，使本来一次很好的沟通机会变得索然无味。"

表达高手非常清楚自己希望通过对话获得什么

实际上，这是对话的核心。你不可能大费周章地找一个人谈话，却只是说一些云山雾罩的东西，就连自己也不清楚到底为了什么。对话高手不会出现这种情况，他们在对话的过程中总能坚守目标，不会轻易被转移注意力，也不会掉进对方设计的陷阱。

表达高手在分析问题时是全面与客观的，不会盲目和冲动地拒绝

全面就是考虑到一切因素，不会因为某个片面的信息就匆忙做出判断；客观就是理性，他们不会做出"非此即彼"的选择，即"傻瓜式选择"。

比如，在一次沟通中，来自香港的刘女士抱怨自己的公司太苛刻了，这让她的生活陷入了痛苦，因为她在公司工作了13年，至今只能拿到同级别中的最低工资，而且没有升过职。她说："这个社会怎么了？富者越富，穷者越穷，我想不通。"刘女士抛出了一个"傻瓜式选择"的问题，回答她问题的人将面临一个非此即彼的选择：要么同意她的观点，要么否定她的看法。

但是，凯莉对她说："为什么不从别的方面寻找原因呢？富有的人之所以变得有钱，是由于他们比穷人更加努力，而穷人则习惯了得过且过，因此在糟糕的状态中更加糟糕了。"

凯莉详细地了解她的资料，洞察她的过去，找到了她的关键问题——刘女士在公司给她提供的培训课程中，拒绝了90%的充电机会。虽然在公司工作了这么长的时间，但她几乎没有充过电。那么，她的工作能力难以提升，拿不到较高的薪水也就成了必然结果。

不能逃避这个问题，就是在沟通中我们要告诉她的。这将是沟通的关键阶段，只有讲清楚这件事，让她意识到自己的问题，才能解决她的人生困难。她才能在今后的交流沟通中，体现出良好的水平。

但是还有另一种情况——那些违心服从的人仍然保留着自己的看法，尽管嘴上同意了你的观点，但内心还是很不认同的。我们要如何说服或拒绝这样的人，使他们听取并理解你的见解？如上述所言，只有诚意和尊重是不够的，你必须像我们本书的主题一样，让自己好意思起来，果断地表述，在关键的问题上折服对方。对于说服中的关键阶段，必须勇敢地坚持，注意以下几个点：

1.关键时刻不要"不好意思"

当你在面对重要的问题总习惯性地保持沉默时，你的生活就要开始上演悲剧了。在我们的调查中，有44.5%的人反映——在涉及重要事情的谈话时，他们总是不由自主地陷入沉默的怪圈。在关键的问题上张不开嘴，使交流变成了一碗白开水；在需要提出要求时不好意思，或讲到重要事情时突然不知如何是好。这是人们普遍的表现，也是你需要在自己的生活中杜绝的。

2.主动讲出你的负面感受，表达你的拒绝

绝对不要掩饰和回避那些负面的情绪——特别是在涉及重要议题或沟通的关键阶段中，你要直白地把内心的真实感受表现出来，让对方听到、看到或感受到，他才能认真地考虑你的需求，体会你的心情。

可以这样说，在这种对话中压抑我们负面感受的后果是严重的，尤其当你长期地挣扎于这种不健康的对话方式时，这些不断郁积的负面感受、痛苦情绪会逐渐突破你的忍耐极限，慢慢腐蚀你的健康。

3.主动请对方讲出不同的看法

在实际的沟通中，不管是生活还是工作对话——尤其对于重要问题，每个人都会有他们自己的看法，这个看法和你是不同的，甚至是尖锐对立的。但并不是每一对沟通者都会因此翻脸，真正导致这种结果的是他们表达的方式。比如，越是压制对方的不同意见，就越容易激化矛盾，让对方产生不满。所以，主动地给予对方这种表达的空间，反而能够降低这种风险。

4.必须接受失败的沟通结果

我发现，在很多"不良对话"的情境中，假如人们事先做好了沟通失败的心理准备，那么当他面对棘手问题并且没有成功地说服对方时，他的情绪不会产生太大的波动。相反，则容易导致更棘手的情况，而且会使他接下来一段时期的生活发生巨大的消极变化。这表明，想到最坏的情况并做好准备，在关键对话中也是一项优良的品质，这能让你拥有足够的后退空间和对于未来的两手准备。

5.避免出现"沟通完了又后悔某些话没说"的局面

很多人都向我反映，他们在沟通时表现得十分糟糕，因为总是忘了某些重要的话，或者出于怯懦没有把相反的观点说出口，然后在沟通完了又极度懊恼：

"为什么我没有勇气？"

"为什么我如此愚蠢？"

人们在生活和工作中总会有这样的时刻，很难避免。无论出于何种原因，这种表现确实十分令人沮丧，会让自己看起来缺乏自信，是一个在关键问题上胆小、畏惧和退缩的人。因此，从一开始就要避免这种局面，尤其在你人生中的

第一次关键对话中——这时种植了勇气，后面将一片坦途，你会成为一个勇敢的人。

6.对自己的目标不要拖延

当对话进入最为关键的时段时，许多人的第一反应是拖延，而不是立刻开始。这主要因为缺乏自信，或没做好准备。当你发现双方的交流即将从普通交流升级到关键对话时，为了避免自己有糟糕的表现，最好的办法是主动迎接它，马上开始它。哪怕没有做好准备，也要鼓起勇气抓住机会。越是拖延下去，就越容易出现问题，使得对话无疾而终。

真诚的态度永不过时

如果你不清楚我们在对话时需要的最宝贵的品质是什么，说明你不懂得真诚的重要性。你越是表现得真诚，就越容易获得客户的认可与信任；你越是表现出自己丰富的内心，没有任何虚假地去关注对方，就越容易得到更多的机会。

真诚的沟通和说服，是如何通过具体的论述表现出来的呢？

我的一位客户叫作洛克菲德——他服务于美国的那些银行家们，涉及的总是重要问题，他要为这些银行家提供政策的沟通保障，拒绝那些不利的提议，说服政府采取有利于银行业的政策。所以，他三天两头出现在国会议员经常现身的场合。他是典型的说客，每天都背下一堆华丽的说辞，去说服华盛顿的决策者们不要损害银行家的利益或出台一些不利于金融行业的政策。

他说："也许你不相信，但我还是要说，在今天的这个时代，说服一个人最有效的工具不是'给他多少好处'，而是让他相信'你是真心实意地给他这些好处'，这就是问题的关键。我的看法是，你不要单纯地去拒绝，不要去声泪俱下地控诉对方，而要充满理解，并使对方开始理解你。"

现在，几乎所有的职业都是依靠沟通和口头表达来传递信息。尤其在我们需要影响大众看法、扭转大众认知的时候，就特别需要这样的威力无比的沟通。恰在此时，你最有力的武器不是各种技巧，而是诚意。有时候，一个充满真诚的道歉远比天花乱坠的辩解更为有效。我所见到的高明的公关和营销都在采取这种方式，他们也拥有这样的内涵丰富的表达能力。

让我们看看洛克菲德的沟通能力是如何体现的。就在不久前，他替一家银行的"罪恶得如同撒旦现世"的敛财产品进行辩护时说："让这款产品从市场上消失对人们有什么好处呢？我们会破产吗？也许会，也许不会！但这并不是最重要的。我们担心的是那些已经损失很多金钱的美国人，我们希望他们拥有获得收益的机会，因为市场在不久的将来会持续证明这一点。但如果现在我们关闭了这扇大门，他们将永远失去这个机会。"

当国会议员愤怒地指责他背后的公司导演了这场骗局时，他辩解的重点并不在公司的生死存亡上，他没有替银行撇清责任。相反，他始终在关心买了这款产品的普通投资者的利益。那是一大笔钱，足足能够重建两栋世贸大厦。

最后他总结陈词："作为美国人福祉的提供者，您忍心看到可怜的投资者失去房产无家可归吗？"洛克菲德在说了上述的话以后，得到了人们的同情和响应，尤其那些仍在期待回报的投资者——虽然他们受骗了，但仍然渴望回报，这是人性的弱点。

他后来对我说："即便你的论点是错误的，但如果你能展示最大的诚意，并让人们感受到你是善良和负责任的，那么你很难失败。"他这句话是对我公司的30名培训顾问说的，他告诉这些人——只要你握住了沟通的主要元素，你就能够占据一个制高点，别人很难真正地把你打倒。

真诚沟通的核心是什么？

1.你要先承认对方是对的，至少有一定的道理

你必须要懂得暂时妥协的重要性。比如，当沟通发生对立时，你必须先承认对方的观点，或者坦诚地告诉对方："你的观点或陈述的事实是有道理的。"这并非由于对方真的是正确的，而是我们必须这么做，没有任何理由，你要让这种行为成为自己的反应模式。你要先承认对方，才能获得让对方倾听你的机会——他会想："哦，既然这家伙给了我面子，觉得我才是正确的，那么，我就听一听他会讲些什么吧！"

2.先做出一定的让步，并且展示你的诚意

多数人在拒绝时不喜欢让步，他们倾向于针锋相对，和对方大打一场。但是，为什么不能让步呢？为什么只允许别人妥协，你必须好处占尽呢？假如不能放弃这种只能占便宜不能吃亏的心理，你在沟通和表达时就会被看作一个贪婪和虚伪的人，在你的脸上就无法显示一丁点的真诚。

做出充分的让步，可以进一步展示我们的诚意。不肯让步，即便你有解决问题的诚意，对方也会因你的尖锐态度而感受辱，从而不会与你妥协和实现默契。所以，让步是必须的，但让步本身又是一种双赢的工具，你必须在表示让步时暗示对方或直接说明这一点。

就像洛克菲德对国会议员说的："让那些大银行破产对我们有什么好处呢？投资者最希望的一定不是毁灭一家也许并不是很道德的银行，而是让自己的投资获得应有的回报。假如我们的机构消失了——我敢肯定，多数投资者都很难再拿回他们的钱，除非政府愿意让纳税人承担这么巨大的损失。因此，我有一个提议：我们与其同时失去一家实力强大的金融机构和几十万忠诚的投资者，不如让这家金融机构在规定的期限内将投资者应得的分红全额发放给受到伤害的人们——如果他们真的受到了伤害的话。我认为美国是一个法治社会，这毫无疑问，但我们都不想得罪这么多的投资者；我们希望每一名投资者都能从市场上赚到大钱，并改善自己的生活，这是我们的希望，所以我们一定能做点什么。"

洛克菲德的这个说法就是在展示他十足的诚意。在让步的同时，让议员们看到了一种暗箱操作的可能性——这既不伤害法律更能让投资者满意。他的要点是把可能出现的最坏后果讲清楚，然后告诉对方——我们共同的让步将避免这种最坏情况的发生。当然，让步即意味着自己会失去一些东西。我们要清楚地表达这一部分，让对方知道你是为他着想。

卓越的沟通者最厉害的地方就在于，他总是善意地提醒人们去权衡利弊得失，然后做出自己的选择，而不是强制地让人们听从于自己。这对于拒绝来说尤为重要，我们不能总是指望展示自己强硬拒绝并扭转别人头脑的"力气"。

把话一次说清楚

如何把一句话的意思充分表达清楚，准确无误地传达自己的意图，这是问题能否解决的关键，也是提升我们说话能力的基础。只有表达充分，不留死角，告诉对方自己的主要意图，我们才能获得想要的反馈，做到有效的沟通。

有一个男生暗恋同班级的一个女生很长时间了，最后终于决定把自己的感情告诉她，向她求爱。于是他就写了一张纸条给那个女生，上面写道：其实我一直都在注意你。很快字条传了回来，女生写道：拜托别告诉老师，我保证上课再不看小说了。

在该故事中，男生犯下的错误就是表达不清，留下的死角太多。一句"我在注意你"指向不明显，到底想说什么？这既可以被理解为示爱，表达关注，也可以被理解成："我发现了一些东西，你小心点！"这种表达的方式太需要对方的配合，但现实中很难找到心有灵犀的人，因此类似错误我们绝不可犯。

在现实的沟通中，很多人都在犯同样的错误，包括一些著名的企业家、谈判者和从事专业的内部沟通的人士。如果一个人在说话之前有了让对方去猜的想法，就很容易说出一些"自己知道是什么但对方却猜错了"的含混不清的话来。

有效的沟通并非只是简单地提问与回答，而是精确地发送信息，给予对方清楚的提示，然后再针对性地接收答案。如果你是信息发送者，首先要让自己传达出去的信息具备下面两个条件：

（1）我们提供的信息所表达的意思足够清晰，接收信息者能够完全理解。

（2）我们要预想信息接收者的反应，并及时修改信息的表达或传递方式，尽量避免不必要的误会产生。

简而言之，要想取得好的沟通效果，你的信息必须是完全有效的。这主要取决于信息是否透明以及信息接收方的及时反馈。要促成这一点，就需要在表达时做到清清楚楚，没有歧义产生的空间。

也就是说，你要保证自己所传达的信息的透明程度。

当你把一则信息告诉另一个人的时候，首先就要保证这一则信息能够被对方所理解——不能被人理解的话，你说一万遍也没有意义。换句话说，你不能隐瞒其中的真实信息，因为信息接收者有权利获得信息中关乎自身利益的内容。如果你有所遮掩，一是对方可能听不明白；二是对方很可能会怀疑你的动机，造成沟通的障碍。

及时反馈是一种做事的态度，更是一种做人的涵养

为了节省一来一去的说服和扯皮耗费的时间成本，作为主动沟通的角色，我们在表达信息的时候就要提前预想对方的反应——考虑到对方的立场和感受，并及时地做出反馈，在这个基础上设计我们的说话思路。比如，我们要考虑从哪方面入手，对方会更容易给出我们期待的反应，从而针对性地进行说服。

有一家公司的市场部门做了一个新品上市的预算，提交到财务部门批钱。但是财务人员就是卡住不放，预算计划被一遍遍地打回原部门进行缩减。最后，两个部门的人互相都觉得对方是在刁难自己，是在跟自己过不去。但实际上，市场部和财务部都有自己的难处，因为市场部的工作是赚够盈利，财务部的工作却是压缩成本。他们都在尽自己的职责，没什么可苛责的。

但另一方面，作为一个花钱的部门，一个省钱的部门，在运转程序或部门利益上是对立的，有互相监督的一面。如果他们都只从自己部门的利益和自己的立场出发，那么矛盾会越来越深，根本无法说服对方。

在这个过程中，他们都采取了同一种办法：拒绝。无情地拒绝对方的想法，但没有回答对方的问题。这就使他们之间的沟通陷入了一个死胡同，根本无法从容地跨过这道关卡，进入下一步的关键议题，也就不能达成顺畅的合作。

反馈的重要性——在问题卡住时把它从容地解决掉

解决的方法是需要各方切实地努力，多站在对方的立场考虑，多多地沟通，互相退一步来审视自己，理解对方，而不是加深矛盾，去彼此怨恨。在其中扮演润滑剂的工具是反馈，也就是针对对方的需求和问题，给出能安抚对方的答案。

比如，市场部的人要切身体会财务人员的难处，适当地削减不必要的开支，特别是那些无法缺乏支出明细的预算计划，一定要尽可能地避免出现；对财务部来说，也要设身处地理解市场部人员的苦衷，毕竟他们是要给公司的产品打广告和做宣传的，不花钱怎么行呢？有的支出确实是不能省的。当两边都以这种态度沟通时，问题就很容易解决了。

不论是在生活中还是工作中，与人沟通的良好开端都是自我在社会关系中营造的良好的人际关系。你的人际关系差，这种负面影响会不断扩散，人们表面与你客气，其实背地里都对你敬而远之。就算你要告知别人的是一件很好的事情，对方也以为你别有所图，因为你人际关系不好，口碑不好。

打个比方说，你曾经偷过很多邻居家花园里的花。有一天你和还没被偷过的张三说："我保证不会偷你家的花，我改过自新了！请相信我！"你认为李四真的会相信你吗？他估计在想：你这家伙一定是在谋划偷他家的花了，他要小心提防。

那么，如何才让张三相信你说的话？首先你要站在他的角度想一想他为什么不相信你，把自己放在被偷者的位置，那样你就能真切地理解人们对小偷的痛恨。其次，再从这个要点出发，想一想你要怎么做他才会相信，然后采取针对性的行为。最后，你确实努力地去做了，也让对方感觉到了你的诚意，那么你们之间有效的沟通就产生了。

这就是信息反馈的重要性——有效的反馈是我们必须及时地站在对方的立场思考并采取解决之策。只有这样，才是真诚和主动的沟通，也是能解决问题的沟通；只有建立在这个基础上的沟通和说服，才是最为有效的表达，才能准确地传达你的意图，并做出到位反馈，不被对方误解，避免受到对方的拒绝。

第 八 课

学会拒绝:
勇于维护正当利益

　　每当有人面临一道与拒绝有关的难题时,我给他的建议总是"先把拒绝放到一边",重要的不是你的选择和放弃,而是你的态度以及接下来的方法。

"我在如何拒绝方面做得简直烂透了！"

柯先生在对我讲到他的工作时，眉头顿时皱得更厉害了。他对自己的"无能"无法接受，尤其是当公司给他分派一些不公平的任务和涉及利益分配时。他说："我的直接领导是一个姓刘的胖子，他在台北很有背景，在公司也有自己的阵营，老板都让他三分。因此，只要他向我下达命令，让我去做得不偿失的工作，我就一句话都说不出。"

"具体说说？"

有一次早晨刚上班，柯先生坐在那里还没定好神，刘经理就把他叫过去，将一份文案扔到他面前，以不容置疑的语气说："你现在就出发，去把这份合作谈下来，上面写好了我要的条件。"

柯先生打开一看，顿时惊住了：这样苛刻的条件，客户怎么会答应呢？他接触过不少类似的合作，也拥有了一定的经验，对于这种谈判的结果早已心知肚明。也就是说，上司是在把一个烫手山芋扔给他——谈好了，是刘经理有功；谈不好，是他这个业务员的责任。

但是，柯先生没有拒绝。他总是这样，在接下任务后心痛如绞，恨不得立马写信辞职，但仅限于想想而已。他什么都做不了，就这样带着一肚子委屈出发了。最后他没有谈下这次合作，回来后当月的奖金被扣掉了。

无数的人都向我表示，他们均有柯先生这样的经历：面对完全有理由拒绝的任务分派，或者必须显示自己立场的争论，他们就是不知道如何开口，也不清楚应该采取什么方式维护自己的正当权益。

这是人们广泛面对的苦恼。在工作或生活中，他们总要面对上司或其他人提出的要求。有的要求是他的分内之事，应该做好；而有的则是老板的无理要求或同事的刻薄捉弄，这个时候有人会果断拒绝，但还有些人总是会抱着"人在屋檐下，不得不低头"的心态，无奈地咽下苦水，答应这些不合理的要求。

但实际上你要意识到——尽管人们在职位上有高低，比如你要受到上司的领导，听从他的命令。但你们在人格上却应是独立和平等的。我们并不隶属于上司，也不是必须无条件地配合同事。同时在工作中也应区分善恶是非，该服从的服从，但该拒绝的，就不能含糊。

拒绝这些无礼请求有多种方式，我们应该怎样在不伤和气的前提下让对方收回要求，又能准确地明白你的意思呢？

1.在拒绝时，需要明确地摆出自己的态度，不要含糊不清。

为了达到我们拒绝的目的，最重要的一点不是你的嗓门有多大，而是同一时间把态度明确地摆出来，并且坚持到底，不要随便地改变自己的初衷，也不要给对方留下任何可以商量的空间。

2.拒绝必须同时讲清楚原因，把理由明白无误地说出来。

主动地讲明原因，为什么要拒绝，理由是什么。你要向他详细地解释，而不是只用一个"不"字代替。在说原因时，也要站在对方的立场考虑这个问题，进行换位思考，不能仅仅是为了你自己。

3.拒绝时要表现出你对他的尊重，不能蔑视也不能攻击对方。

尊重是说服最好的武器。所以在我们表达拒绝的时候，要充分地把尊重写在脸上，才能缓和矛盾，成功地说服对方。尤其对领导者，尊重更是必不可少的。

4.在拒绝之前，先对他进行心理抚慰。

赞扬是很好的方式。这是因为人人都喜欢被赞扬。比如对上司和同事，我们可以先赞扬他的善解人意和通情达理，赞扬他们优秀的地方，夸奖他们引以为傲的强项，然后再把自己的回答（拒绝）说出口。这样对方即便心里不太舒服，但也无法当面驳回你的拒绝。事后，他们也不能把你怎么样。

.

"我放弃了太多属于自己的利益！"

在新加坡工作的孙小姐说："我感觉自己是好姐妹的宠物，同时还是她的仆人！"孙小姐有许多闺蜜，好得穿一条裤子。但她发现，这些姐妹每天干的最多的事就是合起伙来支使她，不是让她代为买东西（好久才还钱），就是让她跑腿办这办那，回来连句谢谢都没有。她苦笑道：

"我就像英国电视剧《唐顿庄园》里那个地位最低下的厨房女仆！人人都敢欺负我！"

像孙小姐这样，你经常在生活和工作中有类似的感觉吗？不断地放弃，不停地说"无所谓"，其实内心的苦涩只有自己清楚。如果你的回答是肯定的，那么我要告诉你——其实你越是放弃自己的利益，讨厌和反感你的人就越多。

在我们的调查中，超过47%以上的人都有类似的感觉——他们对那些不能坚持立场的人持反感态度，而不是同情和赞赏。人们其实并不喜欢不敢拒绝的人，所以，看到这个调查结果，你千万别再固执地不愿改变了。从现在起，你就要狠下一条心，把所有的窝囊情绪一扫而光，光明正大地对无礼要求说出你的拒绝，维护你的利益。

在调查中我们也发现，人们不敢拒绝，很多时候出于这四种情况。你要针对自己的具体分类来制定针对性的拒绝计划，以免用错了方法。

第一种：生活需要——承受不起拒绝的代价

面临不同的环境，人们的决定有很大的不同。环境造就人，环境当然也决定人。因此，有些人生活所迫，比如非常需要这份工作，就不敢对上司发出自己的正义之声。他们发现就算做了拒绝，很多时候也无济于事，于是最后就放弃了思考的权利，也放弃了拒绝的权利。

这从本质上看，属于我们潜意识中的掩耳盗铃。因为承受不起拒绝的代价（可能失去这份工作，或失去这份友情），就装作利益没有受到侵害的样子，好像什么都没有发生。对这种情况，你应该做的是以己推人——想想那些人为什么"欺负你"——如果他们就是吃准了你这种心理，那你就要果断改变了。因为如此一来，不管你如何隐忍，他们都吃定你了！所以，既然无可避免，索性一开始就讲明白，你还能给自己赢得寻找另一份工作的时间。

第二种：没有主见——不知道应该"我的利益我守护"

有的人没有主见，这就等同于没有自我。他们不知道自我价值是什么——通常是对此没有意识。原因很简单，他们在过去习惯了由别人来安排自己的生活，帮他做决定，做选择，铺排一切。那么，他还有什么自我呢？

比如孙小姐说："我的问题就是在20岁之前的生活基本都是听家里的安排，导致我脱离父母的时候变得优柔寡断，瞻前顾后，没有主见。然后交了一些不地道的朋友，她们就吃准我的性格，纷纷占我的便宜。"

从现在起，没有主见的人一定先改变"万事随大流"的生活习惯，止住继续迷失的脚步。然后呢？要在内心深处支起一面坚固的盾牌，加固抵抗的城墙，防止损友再来使唤支配自己。如果你还不明白，可以问自己一句："难道我真的想一直当个傀儡吗？"回答一定是否定的，你肯定不想这样，这时就拥有了改变的动力。

第三种：无所谓——不在乎自己的利益受到侵害

第三种情况，有些人对于他身边的事情都是一副漠不关己的态度。在他们的心中，没有特别在乎的东西——他觉得无所谓，对利益受损也不计较。虽然非常稀少，但这种人还是有的，比如那些自认为看透世事的家伙，他们轻易地损失利益，并且不想拒绝别人对他们的无礼要求——尽管他内心不一定高兴。

最重要的是你要清楚自己为什么会冷漠。我告诉你一句话："一个不爱惜自己的人也不会爱惜别人。"这难道不可怕吗？千万不要小看自己的冷漠，早晚有一天你会发现自己无路可退，然后为此付出惨重的代价！

第四种：逃避——用鸵鸟行为掩饰自己的无能

什么是最大的恐惧？就是逃避。当人们对于自己控制不了的事情产生恐惧的时候，就可能选择逃避或者安于现状。"既然我守护不住自己的利益，干脆就接受现实吧，不去想它就好了！"他们变得满不在乎，好像一切都是"无所谓"的一样。

但在实质上，这是一个人不敢承担责任的表现。

然而我们都明白，有很多东西，你是永远逃不掉的，迟早都要面对，然后做出一个选择。当你懂得这个道理时，就应该停下躲避的脚步，将脑袋从沙堆抬起来，面对现实。这时你要告诉自己："我今天就要做一个决定，而不是继续装睡！"

"我答应了别人太多不合理的要求！"

在和孙小姐交流的过程中，我还了解到了她的内心拥有极度善良的一面。比如，她热心助人，但却经常超出自己的能力范围，被别人得寸进尺，付出许多不合理的代价。她说："我越是退让，答应了他们的这个要求，他们就不满足，继续向我提出新的要求，这让我非常郁闷，也很痛恨这样的生活。"

我们身边经常会有这样的现象：两边在发生纠纷时，有一方是顾全大局的人，拼命克制自己，一让再让；另一方则属于无理搅三分的人，他们得寸进尺。看起来，他是吃定善良的一方了，不断地提出不合理的甚至让人痛恨的要求。

在这种情况下，我们显然是不能接受的。如果你继续退让，不但旁观者不同情你，就连你自己也过不了这道心理上的坎。我们都是人，不是佛。那么，对于类似的得寸进尺的家伙，应该怎么办呢？

1.该答应的可以同意，但该拒绝的不能后退

就是说，你要先划一条界线，一道底线，确立一个原则：哪些是可以商量的，哪些是不容妥协的！对于前者，我们视情况可以忍让，答应，不去计较。但对于后者的原则性问题，因为牵涉到了个人的根本利益，则针锋相对，绝不后退。一旦后退，你就等同于防线崩溃，对方会乘虚而入，继续侵占你的领地。

2.方法很重要——合理合法，还要有理有据

在与得寸进尺的人打交道时，基于对方的行事作风，我们还要注意方法。那些缺乏方法的人，遇到不讲理的家伙，经常是"秀才遇到兵，有理说不清"。所以，在针锋相对地拒绝或争执时，一定做到两点：

尽量在有中间人作证的情况下争论，拒绝。

合理合法，拿出客观依据，用事实堵住他的嘴。

出于对"贪得无厌者"的愤怒，很多人往往一时感情用事，在争执时失去理智，冲动地选择了错误的方法，比如采取激烈手段等。这时，有理反而变成了没理，被对方充分地利用，占据道义制高点大做文章，事情就很难办了。

3.防止争议——丑话要说在前

最好的办法是提前声明，给对方设置一条红线，这样他就没有太多的空间得寸进尺。与那些欲心不满、不知足的人打交道，最好预先采取必要的措施，讲明你的原则，从根本上避免争执或纠纷的发生。

"我感觉已经失去了自己！"

在加州一个小镇的连锁超市上班的华人雇员孟女士则抱怨她的男朋友是一个索求无度的占有狂，而她却不懂得如何保护自己，已经到了无计可施的"悲惨地步"。她说：

"男朋友总是对我要求太多，不是这事儿就是那事儿。你知道的，夫妻过日子免不了有一方强势，一方弱势，但在我们之间也太过分了。我简直没有思考的空间，也没有决断的机会。而我又思维敏感，特别太在乎别人的感受，所以步步退让，从不拒绝他的索求。但是，我这样会迷失自己，不是吗？我该怎么办？"

像孟女士一样，国内很多人也都有这样的性格。而且，她们多以女性居多。在工作中，她们在上司面前没有主见，缺乏自我判断力；回到家中，又在丈夫面前找不到自己的位置。不管对方说什么，她们唯一的选择总是服从，也很少问一问自己："我需要的到底是什么？"

一旦事情变得严重，后果也是不可想象的。孟女士流着眼泪说："我好像只有在网络上才能找到存在感了，但在现实生活中，我只能忍气吞声。周老师，我很害怕，我害怕有一天自己会失控，在别人触及我的底线时变得崩溃，无法控制自己，然后做出出格的事情。我还能怎么样来找回自我呢？"

人人都有一定的依赖性——在依赖某个人时，自我意识就被弱化，拒绝的权力被大脑压制。也就是说，一定的依赖性是我们本身的需要。但是，当我们逐渐长大并拥有独立的经济来源后，此时依赖性太大就大大地危害我们自身的发展，也会成为生存的障碍和幸福的杀手。

凯莉在与我共同工作的几年中，对此归纳出了三种情况。为什么迷失自我呢？第一是依赖的原因；第二是反对的原因；第三是逃避的原因。依赖别人，反对自己，逃避现实。凯莉认为这三种情况导致了一个人会在现实中无法拒绝他人。

1.我很无助

他们深感自己是软弱无助的，需要别人帮助做出决定。每当要他自己来拿主意时，他便感到一筹莫展，就好像一只小船迷失了方向。很难想象，他此时会有勇气来承担责任。

2.我很愚蠢

他理所当然地认为别人比自己优秀，比他能干和有吸引力，因此他没有拒绝的权利，只能服从别人。这时他当然找不到自己，也会失迷方向。

3.我很迷茫

他们缺乏判断力，也没有自信，因此总是倾向于用别人的看法来评价自己。别人无论如何评价他，他都觉得是正确的，是有道理的。

听完孟女士的故事，凯莉笑着说："她的潜意识中以为，如果自己依从了男朋友，男朋友就一定会保护她，不会伤害她。在开始时，的确是这样的，她的依赖性其实在本质上来说就是她人格的具体表现。现在，她迷失了自我，是因为依赖性失去了控制，而且她总以这种单一的模式来经营人生，出现问题是必然的。"

方法是离开男朋友一段时间。这是我对孟女士的建议，因为长期依赖下去，会使得她越来越脆弱，也越来越失去独立性。由于她在家中处处委曲求全，就会感到日益增强的压抑——迟早会有崩溃的一天。这种压抑是相当有害的，它阻止着她为自己干点什么或者有什么个人的爱好。

特别是在男女之间，当一种依赖形成后，她会对强势的另一方有着过分的渴求——幸福全寄托在他的身上。而且这种渴求是强迫的、盲目的和非理性的。发展到最后，这种依赖关系已经与真情实感无关了，完全变成了一种强迫症和严重的习惯。她成为了依赖型人格的人，宁愿放弃自己的世界观、人生观和个人兴趣，把他视作自己的全部，当作自己的靠山。对她而言，只要能时刻得到他的爱护与体贴，她就满足了。

这十分严重。要从中走出来，必须做好艰苦的准备，要有将自己完全撕碎再进行重建的勇气，才能摆脱依赖，找回自我。

1.必须重建你的勇气

为了建立勇气，你可以先去做一些冒险性的事情。比如一个人到市郊的风景点附近进行一次短途旅行，独自一人去酒吧坐一会，或者做其他的完全不依赖别人的工作。通过这些尝试，来体验到独立的滋味，激活自己体内的"勇气基因"。在做这些事情时，切记的是，你在此过程中需要完全独立决策，不要征求任何人的意见，也不要试图参考任何他人的建议！

真正的勇气是什么？就是一直坚持下去，始终不要妥协。

这和股市的投资客是一样的道理，在你望着不断下跌的股价，差点绝望的那一刻，其实你再坚持一会，往往就是希望的开始。因为在危机的尽头，总有一个转机在等待着你；在我们山穷水尽的地方，也往往会突然柳暗花明。在你最困难、最失望的时候，记住——再坚持一刻，成功就属于你了！

2.消除过去的灰色记忆

过度的依赖经常是由某一段失败的回忆铸成的。他们缺乏自信，且自我意识较低，这种结果往往来源于过去的灰色记忆，比如童年时期的不良教育和少年时的感情经历。它们在心中留下一些会产生自卑的东西。

因此，假如你有某种程度的依赖症，你现在就可以做一次和回忆有关的搜索，想一想童年时父母、长辈、朋友对自己说过的那些具有不良影响的话，回忆一下工作中上司批评、打击过你的那些言语。

比如——

"你这孩子真笨，什么也不会做！"

"你这家伙脑子不好使，还是我来帮你想吧！"

"你的速度这么慢，不要自己弄了，去找某某帮你吧，我要尽快得到结果！"

回忆之后，把这些话语仔细地整理出来，然后进行重构："他们为何这么说我？"找到原因。如果确实是你的责任，改正它！如果不是，你可以在下一次做类似事情时，提前忠告你的亲人和同事，或者请求你的上司，不要再用这些话来批评、指责你，建议他们给你一定的私人空间，让你自由决策。这样，就通过改变他们的态度，来促使自己的行为模式获得改变。

3.建立良好习惯

好习惯是什么呢？比如，某一天你按照自己的意愿穿上了一条蓝色的裙子参加社交活动，大家反响很好。那么以后你就坚持由你自己的意志决定穿什么衣服，不要再被朋友、亲人的意见改变，也不要因为别人的闲话而放弃，直到你自己依兴趣又做出了其他的决定。通过这些小事，来改正过去的不良习惯，建立优良的习惯，并形成积极的心理暗示。

卡尔·霍伦是一位非常著名的走钢丝表演者。他曾经说："走在钢丝上时，我才能感觉到自己活着。"他对此有充分的信心，把这项表演当成了自己的生活，因此每一次表演都非常成功。

但在不久之后，卡尔却从25米高的钢丝上掉下来摔死了。这次为什么失败了？他的夫人事后悲伤地说："因为他改变了自己的习惯。就在表演前的3个月，卡尔开始怀疑自己可能掉下去，给自己形成了强烈的心理暗示。然后他在训练中花了太多的时间来避免掉下来，而不是训练自己如何走好。"

习惯的改变会带来行为的改变，从而对我们的意识也造成影响。因此，如果你在某件事情上有了比较坏的预感，一定要及时纠正自己的思考习惯，并避免它影响到行为的习惯。你要及时地告诉自己："我只要坚持正确的行为模式，就不会发生这种事，绝对不会！"

4.积极改正错误——做出自主决定

自主决定是跟随我们一生的良好品质。比如在制一份工作计划时，一开始你听从了同事的意见，但随着工作的开展，你的自主意识发现，这些意见对于工作是有害的，至少没什么帮助，对于这些意见你开始变得反对。此时，你就应该把自己不欣赏的理由说出来，说给你的同事听，而不是埋在心里。这样，在工作中你就掺入了自己的意见，随着经验的增多，你就能越来越多地做出自主决定。

明白为什么说"不"很重要

当我们碰到类似的十分困惑的难题的时候，我建议你立刻思考两个重要的问题，而不是急着大吼大叫。因为吼叫和愤怒是解决不了问题的，也无法使你冷静下来。你要做的是明白是非，然后再确立一种基本原则。

（1）"我为什么要说不？"

（2）"怎样说不才能让对方心服口服？"

前者思考的是我们拒绝做一件事情的目的，并由此衡量拒绝带给你的利弊得失，这种考虑的结果会有两个：第一，拒绝对你有好处，所以应果断拒绝；第二，拒绝并不恰当，对你只有坏处，则考虑拒绝的时机，或者稍等再说，或者放弃拒绝。后者对你来说只有一个结果——"我一定要拒绝，并要去思考解决之道，找到好的理由去拒绝对方！"

我们在思考问题的时候不要总是习惯于纠结在"目的"上面，而要先想到原因，再去设计一个合理的过程。如果只盯着目的，你会失去应该有的人情和温暖。也就是说，我们可以为了自己的利益和需要说出"不"字，但一定要明白为什么，并说出可信的理由。

中国人经常说四个字：将心比心。其实就是换位思考。只有换位思考，才能搞明白你为什么必须拒绝，为什么必须信守承诺。因为换位思考的本质是双方对彼此关切的理解，对共识的寻找，和对现实的考量。

拒绝的禁区——不可以自傲

在拒绝时一定要简单一些，并采取平和的态度。骄傲的态度是绝不可采纳的，这是拒绝的最大禁区。如果你非常自傲地对一个人说"不"，他一定认为你有意针对他。哪怕你的理由充沛，不容辩驳，他也会对你留下非常负面的印象。这种拒绝带来的危害远远大于收益，是需要避免的错误。

拒绝的前提——包容不同的看法

在拒绝之前，你没有给他充足的时间讲出自己的全部想法？对于不同的看法，需要先给他自由发言的机会，而不是在他一开口时就马上关闭了沟通的大门。现实中，很多人虽然号称理性，但在与别人有观点争执的时候，却非常容易偏激和狭隘，不给人说话的机会是非常错误的。一个人成熟的标注之一，就是能够容纳不同意见，倾听所有的声音，哪怕是不合理的、不礼貌的、甚至别有用心的，你也要听完了再回答。

我总是鼓励人们能和别人多多争论——只有争论和拒绝才能找到共识。但是，永远不要忘记尊重别人的观点，这是每一个成年人都应该具备的能力。

找到自身的利益基点

在我看来，一个值得人们交往和共事的人士，他的"利益基点"不应该是贪婪和拜金的，不应以财富为自己的利益追求，也不应该沉溺于对金钱和物欲的享受，并以此作为自己做人处世的标准。

"谁阻挡了我追求金钱，我就和他过不去！"

你是这样的人吗？很显然，如果一个人每天想的都是怎么赚钱，没有哪怕一丁点的精力是投入到精神层面的，他就没有为我们提供积极的价值观，也没有帮助别人提升自己世界观的能力。如果他是我的客户，我对和他的合作会相当的小心，而且一定不会对他有太高的信任；如果他是我的朋友，那么我一定对他保持警惕，在和他交往时会格外注意，尽量不和他有太多的利益交集。

今天，许多人的错误在于，他们把利益当作了自己人生的全部目的，试图控制一切与己有关的利益，无限地扩张自身的领地。这导致他们不想听到拒绝，只想看到"服从"。

我的朋友墨琛在北卡有一家公司。他绝对是一个好人，但唯一的小问题是他在公司管得太多了。他对于所有的不可控的事情和不属于他的利益都会插手，施加他的意志力。他不允许有人对他说"不"，也不准备对自己的欲望说"不"。

如果手下拒绝他，他就会大发雷霆，感到自己的利益受到了威胁，毫不犹豫地将这名下属开除。

这让下属们感到十分困惑。因为这完全超出了他的控制范围，也不是一个聪明的老板应该做的。这就使员工们觉得自己做事的自由空间十分狭小，应得权益被侵害。要命的是，工作气氛越来越令人窒息。

人们想："我们的老板要夺走一切吗？"有一名员工说："墨琛是一个好老板，但他的魔爪无处不在，我准备辞职走人，跟着他干没什么前途！"另一名下属痛恨地说："他拒绝我们的所有提议，哪怕对公司的长远发展是有利的，他也不会答应。他就像控制情人一样来掌控世界，这真令人厌恶。"

守护应有的利益，但不要成为控制狂

在人们眼中，墨琛成了彻头彻尾的工作狂和控制狂。谁敢指望从他的口袋沾一丁点便宜呢？的确，精明的老板像乞丐一样守护自己的每一分钱，对任何企图使他花钱的行为都坚决说"不"。他在管理中对于细节的要求也到了完美的程度，无论下属怎么努力都会被他挑剔出毛病，直到人们筋疲力尽。

守护应有利益？这是对的。但前提是，找准自身的利益基点在哪里，千万不要成为让人厌弃的控制狂。

墨琛这样的人在生活和工作中都是真正的完美主义者，对此我见过许多。他们会对别人提出不切实际的要求。甚至于连自己都觉得太过分了，但他控制不了自己的嘴巴。所以，在这类人的手下干活，你会感到窝火。因为无论你做什么都会受到他的批评，他总是用苛刻的眼神看着你。他每天都在吹毛求疵，事无巨细都要管，让你没有喘息之机。

凯莉看到这个案例时，毫不犹豫地对我的朋友墨琛做出了判断："这位先生拥有坚固的强迫型人格。"她说的没错，墨琛对于细节、规则、秩序、计划等很上心，而且在自己的生活中执着地遵循着一种完美的标准。

强迫？你有拒绝综合症吗？

控制狂是如何形成的呢？

在讨论中，德拉格提出了他的看法。他认为，一方面，这也许是教育的结果，在成长过程中，他们的父母大多也有控制欲，这让他们有不幸的童年经历——从小被唤来唤去，过着被占有的生活，从来没有拒绝的机会和勇气；另一方面，他们在社会实践中遭受过重大挫折，吃尽了退让的苦头。于是有一天，他们突然决定："从这一刻起，我要把这个世界颠倒过来！"

很显然，你必须意识到，想轻松地改变他们是不可能的。不但是你，就是最好的心理医生也做不到。除非这些人自己有强烈的改变的愿望。但是，你可以想办法——的确有这样的办法让他们对你好一点，或在和你打交道时收敛一点。你只要能轻松地做到"拒绝"他侵犯你的利益基点就可以了。

最佳方式是什么？

（1）最好不要当面拒绝一个控制狂，可以采用打电话或电子邮件的方法。

（2）坚持立场，但不要批评他，给他时间，等他自己退却。

（3）形成自己的看法，防止被他说服。

（4）别指望他表扬或一开始就赞同你，也就是说，不要对他期待过高，要有底线思维，想到最坏的局面。

（5）制定一些计划，然后遵循计划行事，才能保证局面可控。

（6）在必要的时候你必须主动出击，防止被他操控。

（7）真诚地相待，而不是隐瞒和虚伪，这十分必要，避免给他留下话柄。

（8）对重大的事情保持你的参与度，增强你的存在感，让他不能忽视和轻视你。

（9）灵活运用你的判断力，别让固执使你与他对峙。

我们的最终目标就是要成为这样的人——可以评估自己的利益基点，坚定地执行自己的战略，实现既定的目标，在不确定的环境变化中，仍然能坚持自我，守护自己的原则。如果你能做到，那么我说——你就是一个可以塑造成功人生的人了。

简单的问题立刻拒绝

我有时候会听到女助理向我无辜地抱怨："周老师，我这个人就是不太会拒绝别人。我总怕得罪人，如果张口就拒绝了，别人是不是对我有想法呢？所以不管什么要求，能勉强答应的我就答应了，能帮忙做的我就做了。"

我问她："好，你是一个很善良的女孩。但你告诉我，这些勉强答应的行为是否起到了你意向中的结果呢？你当时答应并帮助了他们，吃了亏，那些人怎么回报你的呢，是不是对你表示了感激？"

她想了半天，最后郁闷地说："很少。倒是有人不止一次地嫌我不厚道，我帮了忙也没落到好处，这是令我最苦恼之处！"

为什么出现这种情况？原因就是应该马上就拒绝的问题，人们却犹豫不决，给对方留下了想象的空间。但在承诺以后，我们又发现这不是一个容易解决的事情，或者需要自己付出太大的代价。后续进程出现的结果不符合对方的预期，就会对彼此的关系造成破坏。就是我们平时都常说的一句话："好心当作驴肝肺。"

对这种情况，尤其是很简单的问题，最好的办法就是立刻拒绝，不给对方任何机会。

感情问题——当你不喜欢的人追求你时

女孩子对这种事相当熟悉，因为我相信每个女孩都有类似的经历。在大学时，会有一些你没有好感的男生悄悄示好，希望你答应成为他的恋人。这时，假如你对他确实没有感觉，就应该立刻拒绝，不能留下模糊的空间。

但现实中，女孩子的很多处理方法都不得当。有人会选择视而不见，不答应也不拒绝；有人不知道如何是好；有人则假装没听懂，留有一定的暧昧。

第三种处理办法的危害是相当大的。假装没听懂，但又继续一起吃喝玩乐，收下对方的礼物，享受对方的讨好。是不是自我感觉很好呢？

工作问题——当你被同事请求帮助，但又不能答应时

工作中类似的情况相当多见，经常有同事向你求助，让你帮一些小忙或协助处理工作上的麻烦。大家都在一个办公室，做着同样的工作，难免会有琐事需要互相帮忙。因此，总是会有一些老好人被狡猾的同事安排这样那样的事情。一次两次还行，但如果每天都找你呢？你会不会很烦，会不会有无力之感？这时怎么办？

碰到这种情况，第一，你需要对同事讲清楚自己的原则："我也有一堆工作，没有太多时间帮助你。三两次可以，但如果次数太多，请找上司安排人。"这句话你必须说明白，否则对方就觉得你好欺负。第二，在拒绝时，注意自己的态度，要讲出自己的为难之处，让对方站在你的立场理解你，而不是凶巴巴地让他走开。

你知道吗，人们与你反目成仇，并非是完全出于你拒绝了他，而更多是你

拒绝的语言和方式触犯了他做人的尊严，从而导致了他心中的不快和对立。在工作中，恶劣的态度引发的后果是难以想象的，有时它直接影响你在这家公司的前途，因为这等同于给自己树立了一个敌人。在今后的工作中，他会瞅机会找你的麻烦，打你的小报告。

打个比方说，当有同事前来请求你时，如果你只是头也不抬地给他一句："哦，我很忙！"虽然这是明确的拒绝信息，但他会怎么想呢？他一定内心不悦："你这个人不爱帮助别人。"然后到处去宣扬："那个家伙是冷血动物！"

因此，必须避免这种会被误认为冷血的态度。工作中的拒绝，我们要对理由进行详细的说明，以打消对方可能产生的疑虑。假设你的上司走过来，要你立刻处理一份文件，而你正忙着整理第二天重要会议的资料，根本拿不出时间。你要抬起头来，平视着他，心平气和地把你正忙的事务告诉他，然后请他做出判断：

"嘿，头儿，您看我应该怎么做？"

这是最好的办法——让上司去判断、选择，让他自己考虑你的"拒绝"，然后由他承担责任，你可以消除最大的风险，还能轻松地安排时间，不至于被太多的承诺压垮。

实际上，我们在办公室经常用到这种方法，因为每个人都会经常面临被同事拒绝或拒绝同事的情况。我们有时不愿意帮忙，有时没有时间或没有能力帮忙，但如果你要拒绝，就得小心应对，不能大意。毕竟，同事是最容易背后捅刀的角色。

"第一时间拒绝"是最简单的方式

总的来说，我们的生活好像就是在不停地拒绝之中度过的。我们不是上帝，可胜任仲裁者的角色——不管你有多难为情，总要在第一时间做出自己不情愿的行为。就拒绝行为的双方来说，主动采取拒绝行为的人才能占据最有利的立场。

如果你在拒绝时没有把握好时间，没有在第一时间就采用合适的方法和相应的技巧拒绝对方，就容易造成对对方的伤害，破坏你和他的关系。因为这样很容易引发他的怨恨和不满，留下隐患，导致你和他关系的破裂。请相信，这不是危言耸听。很多案例都表明，如果我们拒绝的时间太晚，总是会让自己陷入非常被动的麻烦境地之中。即使最后不会产生太严重的后果，至少也会引起你们之间的不快，并且他对你长时间内都不会有什么好脸色。

凯莉讲到她的一位学生，名字叫作霍华德，是在德州某公司上班的一个羞涩大男孩。霍华德有一个朋友，经常找他借钱，频繁到了每个礼拜都给他打电话："哥们，再借我300美元，我有些急事。"

霍华德通常怎么反应的呢？他停一下，然后说："哦，等我看看，我不知道生活费还够不够。"其实他一点不想借给对方。他自己也不够花，有时还要问父母借钱。但他仍然把钱借给了朋友。

每次都是这样——缺钱的时候，朋友就给他打电话，而他照样考虑一下，万般无奈之后把钱打过去。这是因为他没有坚定的决心，没有在第一时间就把立场摆出来，让朋友死心。只要迟疑5秒钟，他就失去了拒绝的最佳时机。

霍华德完全可以说："我实在没有钱借给你，否则我早就买房子了，我的情况你又不是不知道，周薪只有600美元，有一半我自己当生活费，另一半得寄回家去，因为我弟弟还在上学。"

在遭受这样的拒绝后，朋友会有怎样的反应呢？请相信，他一定准备好了你给他的答案。他会客气地说："既然如此，那我就不打扰你了。"

就算他生气，或者恼羞成怒，甚至考虑断绝与你的友情，也不会当众挑衅你，因为你的拒绝合情合理，完全在他的接受区域内——你在第一时间就给了他否定的答案，这是他预料到的。所以，你不必担心他记恨和报复你。

但是，下列原则必须遵守：

1.为什么不先倾听呢？

在拒绝之前，我建议你千万不要杀死对方开口的机会。你不要凭借本能反应，就让拒绝脱口而出，更不要在对方刚开口说了两句时就马上断然地拒绝，而且不容他分辩。我告诉你——这是最错误的选择。粗蛮的态度比拒绝本身更容易引起对方的反感，还会毁掉你们的关系。

你应该先耐心地听完对方的话，并且，在听的过程中，你要展示自己的同理心和同情心，详细了解对方的理由和要求。在倾听时，你要站在对方的立场上严肃地思考这一要求，一定要让对方知道，你十分地明白这个请求对于他的重要性。这样才能在拒绝时让对方了解到你的真诚态度，知道你的拒绝不是草率之间做出的，不是冲动所为，而是经过了认真的考虑之后才做出的一个客观和无奈的决定。

2.态度，还是态度

没有什么比一个真诚的态度更能打动人心。在拒绝之时，你要首先感谢对方在需要帮助时可以想到你——你为此感到自豪，这是你们关系的象征。然后对于自己的拒绝表示你的歉意。但请注意，不要给予过分的歉意，因为这会造成不诚实和虚伪的印象。歉意点到为止，尽量使整体的氛围波澜不惊。

切记不要以一种高高在上的态度去拒绝对方的要求，也不要对于他人的请求流露出任何不快的神色。当然，更不可轻视或忽视对方。这些恶劣的态度都是没有教养的表现，会让你失去朋友，也失去尊重。最好的态度能为我们带来什么？能在拒绝之后，还能保持你们的友谊，使双方的关系不受影响，这就足够了！

3.如需考虑，告诉对方具体时间

有时候，我们经常要用"我需要考虑一下"这个理由来委婉地拒绝——这需要对方能够明白你的暗示，让他知道你只是不忍心当面拒绝他，你只是想通过拖延时间来使他知难而退。但我告诉你，这是错误的。假如你之后一直考虑下去不给他回复，你将失去在他心中的价值，从此形象大坏。所以，如果你不愿意立刻和当面地拒绝，应该明确告知他你要考虑多长时间，时间到了以后要及时通知对方你考虑以后的结果，来表示你自己的诚信。

不确定的事情稍后给予答复

做出一种拒绝时，你要先了解问题的性质，一旦不确定，则必须给自己创造一段时间进行思考，而不是立即回答。

对方向你求助的问题是什么？

为什么他发生这种问题？

他需要你做什么？

你为他做的事情，对你有何影响？

我们先对此进行详细的了解，然后慎重考虑，想一想你能不能在不影响自己的同时帮助他解决，以及需要采取什么样的行动。假如我们对问题的性质不加以思考就做出决定，不管是拒绝还是答应，可能都会犯下新的错误，导致新的问题。

所以，在不确定时，需要考虑一段时间再做答复。但考虑了以后，如何拒绝才是最佳方式？

在苏州工作的小吕说："我在公司待了两年半，现在想辞职出去自己发展，比如找朋友一起创业。本来想到年底的时候结清工资，再提交辞职信，但老板好像预料到了，突然找我谈话。他希望我再帮他一年，条件是把我的薪水提高

30%，让我考虑一下答复他。现在一个礼拜过去了，我清楚地做了决定，不想再在这里待下去，坚决辞职。但我应该怎么跟他说呢？"

这是一种常见的情况。老板认为你对公司很重要，不希望你离开，开出较好的条件挽留你，但你又决心已定，铁了心想走。这时，拒绝的方式就很重要了。

对于小吕，我的建议是：在不清楚是否可以成功创业时，不要轻易地拒绝老板的"好心"，因为这种重视是很难的。第一，他需要想好了再回答，或者肯定，或者拒绝。第二，他更需要做好周密的准备再辞职，不要走了以后创业遇到挫折，又突然后悔当初的决定。

在我们实在不清楚一件事的利弊之时，千万不要急于开口表达自己的态度，也不要着急地显露自己的意图。这就像参加公司会议一样，很多时候领导开会是为了统一思想，贯彻落实他的某个决定——这时他已经做出了选择，放到会议中讨论，不过是试探一下众人的想法，看谁是跟他站在一个阵营的。他最想听的是什么呢？

是拥护，而不是拒绝！

是跟随，而不是反对！

所以，凡是公司会议在研究重大问题或项目的时候，要是不谨慎地说话，随意发言，如果和主要领导意见相左，容易被打入另类，从此难以受到重用。这是我经常向咨询者提到的一个建议，太多的年轻人因为不了解职场文化，在重要的问题上表错了态度，使事业惹上了麻烦。

也就是说：对不确定的重大问题，哪怕你反对，也不要第一个去表明态度。最好采取适当的沉默，等一等，看一看，在合适的时机提出自己的观点。

忠告——必要时采取沉默

1.不知道的不说

如果你对某一问题实在不懂，或这件事情不能说，那么最好的做法是一言不发，不拒绝，也不肯定。

2.不确定的少说

虽然你对这件事有很深的研究，但仍然不确定自己应该采取何种立场，也不要轻易发言——不得已进行表态时，要多听少说，尽量不明显得罪某一个人。

提前准备好拒绝的理由

在需要表态时怎么办？这时开口无法避免，你就不要害怕拒绝了。只要你自己的理由是出于正当的，也是可以光明正大地拿出来讲的。就像前面我讲过的——当别人开口向你提出要求、让你表态时，他其实已经准备好了两种完全不同的答案。因此，你是拒绝还是答应，都在他的预料之中，这丝毫不会引起他的"愤慨"。

但也一定要掌握原则，可以拒绝，但不能使人难堪。方法就是准备好充足的理由，而且是对方能够接受的理由。

在我们的工作和生活中，很可能也会遇到下列的情形：一个熟人突然来找你，并开口向你借钱，但你知道他的品行不良是出了名的，借给他这笔钱一定是肉包子打狗一去不回，你准备怎么应对呢？或者是，你的老板对你管理的部门提出了一些要求，但你以自己的经验深知，这些要求是不符合部门的现实情况的，你又怎么办呢？

诸如此类，我们知道最好的方式是拒绝，但拒绝之后，就会伤和气，得罪老板。所以提前备好理由是十分必要的。而且，你准备的这个理由一定要充满了智慧，既能达到自己的目的，又要打消对方的顾虑，不伤及双方的关系，还要避免对方记恨于你。

就像我在一次讲座中提到的一句话："拒绝是一门艺术，它一点不简单！精明的人让拒绝带来和平，愚笨的人让拒绝燃起战火！"

2011年的8月份，我和德拉格教授去参加戴尔公司准备的一次市场部的广告策划会议。他们的一位主管拿出一个广告片的设计主题，这是有关于电子产品某种时尚功能的展示。主管播放广告片的内容，征求大家的意见。我们的任务则是旁听会议经过，为戴尔公司提供员工培训服务。

主管一边播放广告片，一边给这些下属介绍："请看！我们在广告片中加入了很多日本文化的元素，比如有旭日东升、樱花和富士山，一定广受日本消费者的欢迎。"设计和广告部门的经理极力恭维他的构想："是的，没错，真是很有创意的广告！"

然而，长期负责亚洲地区营销调查的另一位主管人员却发表了相反的意见："先生，我不同意这个设计。"大家听了都吃了一惊，谁敢反对这位主管？都瞪大了眼睛盯着他，看他能说出什么理由。

接下来，没有发生激烈的争论，也没有离谱的观点。营销主管笑着说："我只是觉得这个创意太好了，所以才认为不合适。的确，广告内容有大量的日本文化的创意，消费能力强的日本客户一定喜欢，但我们的另一个重要市场——中国的客户会喜欢吗？在我看来，他们会有反感，那么产品在中国地区的销售就可能下降。戴尔公司的未来在中国，不是在日本。这是我的看法，请各位参考。"

听了他的发言，会议室响起一阵掌声。他成功地说服了广告主管，也使戴尔公司亚太地区的管理层十分欣赏。理由？这就是，而且是以一种高明的方式让上司理解了自己的观点，又不使他丢了面子，当然会起到很好的效果。

在你向等级较高、地位较特殊或权威的人士表示你的反对意见，拒绝他的某个请求和提议时，你一定要有极为充分的理由（真实的，而不是敷衍的），同时还要注意技巧。否则，即便你的立场是正确的，也可能把事情搞坏。这位营销调查部门的年轻主管用了一句"我觉得这个创意太好了"，先抚平了上司可能产生的不快，使他不失体面，再用充足的理由表达相反见解，顺利地达到了自己的目的。

重要的是态度，不是手段

在一次工作心理学的培训中，我对参加培训的50名学员说："重要的不是在我们面前发生了什么事，而是我们将如何对待和处理它，尤其是我们的态度。态度是什么呢？就是我们可以转身面向阳光，这样就不会身陷在阴影之中。"

遇到尴尬的拒绝难题时，你可以这样想——

"我不能左右今天的天气，但我可以改变自己的心情；我不能改变自己的容貌，但我可以展现最真诚的笑容；我不能控制他人的想法和行为，但我可以把握自己的态度；我不能预知明天发生什么，但我可以充分利用好今天；我不能每一件事都大获全胜成为赢家，但我可以事事尽力，不辜负自己的努力。"

我对学员出了一道关于如何选择的测试题，内容很简单：

在一个暴风骤雨的晚上，你开着一辆车经过一个车站。这里有三个人正在等公共汽车。第一个是快要死的老人，他很可怜；第二个是医生，他曾经救过你的命，是你的恩人，你做梦都想报答他；第三个是一个漂亮女子，你做梦都想娶她。但你的车只能再坐一个人，你如何选择呢，准备拒绝哪两个人呢？请解释一下你的理由！

看起来，这是一个与方法有关的问题，但其实最关键的却是在考验回答者的态度。当然，每一种答案都会有它自己的原因，也并非每一种选择都是错误的，可最重要的是——你如何对待令你头疼的时刻。

一位学员抢答道："我首先应该先救老人，因为他快死了？"

另一位学员说："我应该拒绝老人和女人，让医生上车，因为他救过我，这是我报答他的机会。您要知道，我必须知恩图报，从小到大，父母就是这么教育我的！"

接着有一位学员表示强烈的反对："我拒绝的是医生和老人，因为医生有丰富的医学知识，有他陪着老人最好，但如果我错过了梦中情人，将来就很难再有机会了。所以，我把座位留给那个女人。"

回答者众说纷纭，答案也五花八门，有各种各样的组合。大家都表示了自己的态度，但遗憾的是，只有一个人回答正确了。他说："其实很简单，我把车钥匙给医生，让他带着老人赶紧去医院，我留下来陪自己的梦中情人，一起等公交车。"

一个简单的选择题，或者说拒绝题。结果在人们不同的人生态度主导下，出现了截然不同的发展轨迹。因此，每当有人面临一道与拒绝有关的难题时，我给他的建议总是"先把拒绝放到一边"，重要的不是你的选择和放弃，而是你的态度以及接下来的方法。千万不要把你的思想放在选择的本身，而要与最正确的态度结合起来，保持冷静和客观，仔细考虑事情的利弊，找出最好的方法。

如果实在不能拒绝，你的选择是——沉默和倾听，但不要表态

从上则故事中你会看到，有些选择非常艰难，甚至到了"拒绝哪一方"都是错误的地步。在我的生活中，许多朋友也都对我感慨："说话很难，说好更难。"因此，拒绝的最高的境界和最好的态度其实是尽量不要让对方有让自己开

口拒绝的机会。这需要你适当的沉默少出风头，多倾听，多沉默，多观察。

人们常说：言多必失，沉默是金。越是成功人物，在开口表态时，就越比较谨慎，且经常以沉默开始，以倾听结束。这就在告诫我们要有一种内敛的态度，而不是张扬的气势。在实在不能拒绝时，就尽量少说话，少表态。因为说出一句话，就犹如泼出去的一盆水。我们都知道覆水难收，水泼出去了收不回来，话说出去了也无法抹去。说对了还好，说错了呢？实在不能拒绝时——或者拒绝会导致失控的结果时，不如闭嘴不言，走开为妙。

实在走不开，也可以争取一定的考虑时间，或仔细听一听他想讲什么，再适机发表你的立场，给出你的选择。还有一个因素，就是场合的限制。有的场合可以当即拒绝；但有的场合，则需要在必要的时间内保持沉默，也保持你的绅士风度。

对待三件事，态度必须坚决

1.与核心利益有关的事

这时你千万不可"不好意思"，也不可发扬什么高风亮节的态度。对自己的核心利益，任何时候都不应后退，也不应妥协，更不应放弃。对此，你应该大方而且勇敢地争取和保护。要知道，如果仅是因为"不好意思"失去了你的权益，是不会有人感激你的。相反，他们有的只是幸灾乐祸！

2.自己做不到的事

自己无能为力的事情，当然要毫不犹豫地拒绝。这是没有任何可质疑的态度。现实中有些人就因为对方的关系特殊，有的是同事，有的是好朋友，有的则是亲戚的关系，所以不好意思拒绝。就算自己做不到，也咬牙许下承诺，付出很大的代价去帮助别人，为其两肋插刀。结果呢？事情做不好，对方不高兴，还害苦了自己。

3.按原则该拒绝的事

涉及原则问题，你也不能不好意思。原则是什么？就是绝对不能后退的事情，是一条红线，也是不容跨越的底线！但不少人就因为"不好意思"，连自己的原则也丧失了。这是我们在任何时候都不能犯的错误，否则你很容易失去自己的权威，就像一团面，让人随意揉搓。

第 九 课

向自己求助：强化你的优势，
有底气才能自己做主

真正的缺点不是你不会做什么，而是你擅长的技能别人是
否需要。

"我最擅长做什么？"

本章的"自助课"，说白了，就是我们要学会向自己求助，找到我们自己的"自我价值"——做什么事可以让你信手拈来，一点也不担心被人轻视？做什么才能体现优势，可以光明正大地拿出底气，争取自己的正当利益？

首先你要知道自我价值是什么，以及它的行为模式。

自我价值就是自信、自爱和自尊，它是我们每一个人建立成功快乐人生的本钱：没有它们，建立成功的快乐人生就只是毫无意义的梦想。这三项也是心理素质的基本核心，有了足够的自信、自爱和自尊，我们才能在这个基础上发现自己最擅长的东西，并形成优势能力。有了优势能力，我们才谈得上拥有强大的稳定的心理素质，才不畏惧与人交流，不害怕拒绝别人。

自我价值如何形成的？

这并不是一个天生的概念，但的确存在于一个人的基因之内。他的自我价值从出生时就产生了，但还需要在整个的成长过程里，凭着每天无数的人生经验的总结和累积，逐渐地发展成型，而不会一开始就是一棵参天大树。

但同时，自我价值并不能仅凭时间就可以发展出来，成长起来。它还需要每一次的人生经历进行补充、修正和总结。这些不同的经历会决定了这个人当时与今年对于世界的看法，修正和提升他对于事物的主观判断，建设他的信念系统。

请注意，"信念系统"尤为关键。一大群人在同一个环境中成长，虽然很多人生经验是可以共享的，但每个人的信念系统却是唯一的，具有本质的区别。由于人们信念系统的不同，对于事物的主观判断就会有极大的区别，因而他们发展出来的自我价值也有高低和特点的区别。

当自我价值缺失时——

1.心理素质脆弱

自信和自爱不足，同时自尊又太强烈，表现出来就是容易崩溃，犹豫不决，瞻前顾后，你会感觉他没有主见，也没有定力。

2.容易放弃

自我价值不足的人会很容易地放弃对自己的爱护——仅仅为了获得很少的价值就可能放弃拒绝，或者不再尊重自己，也可能不再尊重别人。

3.故意行为增多

通过故意的行为，他企图使人以为他力量很大，或者找一些以为代表力量的东西来企图使自己的力量分数获得表面的增加。

4.等待别人给结果

他喜欢不劳而获，或者以小换大的增加自己的力量。他可能不喜欢努力奋斗，也不喜欢全力争取，而是指望天上掉馅饼。因此，他很难拒绝诱惑。

5.嫉妒他人

他对强者（比自己优秀的人）有强烈的嫉妒心，会做一些伤害破坏和诋毁别人的行为。他深深地认为，只要自己可以把别人拉下来，就跟自己一样高低了。

这样，他就能获得某种心理的平衡。

当你愿意和我一起探讨这个话题时，我请你先思考三个问题：

"我现在面对的现实是什么呢？"

"我现在是什么样的人呢？"

"我现在处于什么状态呢？"

这三个问题的本质就是自我评估，评估自己的优势，发现自己的弱点，总结自己最擅长的能力。评估就像是照镜子，我们要看一下镜中的自己是什么状态，缺点在哪儿？优势是什么？哪儿有问题？如果不这样照一下镜子，你可能很难从容自信地走出门去。

把自我评估做清楚了，我们再出门，就会比较有自信心了。因为我们知道，现在的人们都很有上进心，都有急迫地改善自己现状的超常欲望，有远大的职业理想。

比如——

"我想成为更有地位和权力的人"；

"我想赚更多的钱，好买一栋大房子"；

"我想升职加薪，想去一家更好的公司"；

"我要让自己有更强的影响力……"

这些目标我们都明白，也都渴望实现，但如何去做？

在我看来，只有那些可以做到对自己正确估价的人，他们才能看清自己最擅长的能力，摸清了自己的实力，才有能力接受自己目前所处的现状和环境，并且做出具有针对性的改进。那么，他们在接受现实的基础上，去提升自己超越现实的能力，去实现自己的目标。

但是，如果你要想对自己进行正确的评价与评估，就必须首先接受你自己，这是非常重要的一个前提。与此同时，接受了自己，也就意味着我们对于自己所做的一切要承担起不可推脱的责任。

比如，你对自己说想去一家公司上班，因此你约了这家公司的主管人员。他坐在桌边，身子前倾着，对你十分不屑地说道："喂，先生，如果我雇用了你，你能给我们带来什么呢？请把好的坏的都说给我听一听吧。"

这时，你准备怎么回答呢？

你只能而且必须如实地讲出自己的优势，告明自己的资格和条件。你要讲明白你能提供什么价值——这种价值是他们必需的，也是你最擅长的。任何公司都会对你进行一次类似的检查或询问，他们要弄清楚你到底是什么人，能提供什么样的贡献，判断你的能力是否胜任工作，才能最终决定是否录用你，是否给予你一个恰当的位置。

即便你不去应聘，在平时的自我评估中也一样要对自己进行类似的检查。我建议你每个月拿出一定的时间，来进行这样的自我评估，因为这是非常必要的。

能力——我有什么特别的才能或者技术？

勇气——我有足够的勇气与同事竞争吗？

付出——我付出的努力足够多吗？

上进心——我是一个热爱学习的人吗，我愿意对自己充电吗？

这些问题是你必须要问自己的。而且，我们要想真实和正确地了解你自己，最好的方法并非站在自我角度，是站在旁人的角度来看，甚至是站在敌人或陌生人一样的角度对自己进行评估："看那个家伙，他到底是一个什么样的人，有什么特殊之处？"只有完全抛开自己的主观意识，你可能才会迅速地发现一个真实的自我，而不会在自我遮掩中迷失了方向。

接下来，我们要综合这些从不同的角度获得的信息，尽可能客观地进行分析、评判，以及充分的自我检查，最后去评估自己的能力，把优点和缺点都列出来，最后完全地认清你自己。

在我们的咨询和培训工作中，有不少人都极力地反对这种方法，他们很不理解，并且深深地觉得："周老师，这种行为简直毫无意义，我当然已经知道我自己了。"

他们会问我："请您告诉我，难道有人不能知道他自己吗？难道有人连自己是什么样的人都看不清楚吗？"

我的回答是：没错，你们的观点也是一种思考的角度。但是，每个人同时还都有"自欺欺人"的心理和行为弱点，人们总是会为自己的弱点寻理由，为自己的失败寻找借口，尤其他们不肯承认是由于对自己的不了解而导致了失败。因此，跳出自我视角来评价自己是十分必要的。

在这么多年以来的工作中，我和凯莉·德拉格教授都发现，许多人其实都相信自己比实际情况要好很多。这是一种盲目乐观的态度。他们都认为自己在事业上没有做得更好的主要原因是外界的，比如他觉得自己缺乏运气，不是缺乏实力；他认为自己实力很强，只不过老天没长眼，别人在捣乱，才害他没有成功。

你看，在现实中，人们总是在竭力地回避这样的事实。他们无视自己缺乏行动力或者故意拖延的缺点，看不见自己精力的不集中，也忽视了自己责任心的缺乏，主动逃避了应尽的义务，以及其他的在自己身上表现出来的种种缺陷。有时候，他们不但对此一无所知，平时也没有做过自我的剖解，严重缺乏反思精神，根本没有自省的习惯。

最后，也会有一些人认为自己比实际情况还要糟，他们缺乏自信，对工作感到不适，有时也逃避难度过大的挑战。这是走了另一个极端，他们是自卑的群体。虽然他们不想失败，也想拥有勇气，但结果却是一生的平庸，他们没有做成什么值得骄傲和拿出来一说的事情。当这种经历积累到一定程度时，他们就很难找回自信了。至少，凭借他自己的力量是难以完成这个任务的。

我建议你每天都问一遍自己的问题：

（1）"我会给世界带来什么？"

（2）"我会给自己的人生带来什么？"

当你开始答复这两个问题之前，你要意识到，任何能够给这两个问题以积极健康的回答的人都能够从此改变自己的人生，提升自己的生活和工作的状态。这一方法的目的不是为了让自己开心，而是对自己进行一次严格和客观的检查。在认清了自己以后，我们才能采取更为明智的行动。

如果你认为自己目前的缺陷会妨碍自己找到一份好的工作，或者削弱自己的勇气，那么你应该从现在起就振作起来，开始发现并提升独特的能力。不管你过去有多少缺点，或者你自认为有哪些不足，都不应当使它们成为你堕落与消沉下去的理由。你要马上变得积极起来，强化优势能力，而不是回避缺点。

如果你正有此意，那么请记住我下面的话：

一个人最大的缺点不是他"做不了什么"，而是他对待自己缺点的态度。因此，我总是希望人们可以先想一想"我有缺点"意味着什么，然后激发改正它们的勇气。

同时，真正的缺点不是你不会做什么，而是你擅长的技能别人是否需要——这意味着有一些事情是你做不来的，而有些事情则是你非常擅长的。你可以拿出一张纸，先在上面充分地列举一下，把你所知和不知的事项全都列举清楚：

你不擅长的	你非常擅长的	你还不了解的	你想了解的
————	————	————	————
————	————	————	————

对于上述分类和事项，你应尽可能列举详细，越多越好。根据你自己的实际情况填写在上面，和分类对应起来。但是请记住，不要说谎（这意味着对自己的欺骗），不要贬低（你会为轻视自己付出代价），诚实地面对这一问题。

填写以后，再选出你最擅长和最愿意发挥、提升的两种能力，并且思考一下你在过去的生活和工作中是如何展现自己这两种能力的。不需要太多，只需要两种能力即可。因为我们寻找的是自己最擅长的事情。在此过程中，你最好给自己举出相应的例子，充分地说服自己。这时你再看看，并回答自己："我最拿手的事情是什么呢？"

成为被需要的人

被人需要，就是富有价值。这个价值必须是可被人"利用"的。你只有具备了这种可利用的价值，才有足够的资本去拒绝别人，因为这体现了你某个方面的能力。

在谈到价值的重要性时，德拉格教授说："我们必须先面对现实，拥有一颗纯粹之心。亦即说，面对一个现实问题：我们到底需要哪方面的价值？当你明白这个道理时，你就懂得了具有一种开放格局的重要性，你的心态也更放得开，而不是讳疾忌医。只有保持一种开放的心态，我们才能全面地对待自己，剖析自己，才不会回避那些敏感问题，才能在此基础上找准立足点，建设自己的关键价值。"

如何判断自己"被需要"的价值？

你在过去做的是什么，有没有人赞扬过你的贡献？

我们的过去无法逃避，不论是成功者还是失败者，我们对于自己的过去都要保持清醒与可见。因此，千万不要掩饰自己的过去，因为它们都在履历上已经有所反映。在观察过去时，找到那些闪光点，特别是被人需要和赞扬过的东西。

你现在正做什么，是否被人需要？

在回答这个问题时的要点是：我们不是别人，就是自己。即便你的现在与他人密不可分，也要以恰当的方式将自己与别人区别开来，在你们共同点的基础上看到和总结你的"不同点"，否则你绝无可能发现自己的价值，总结自己的价值，发现你自己正在被人需要的东西。

对于后面的这一个问题，我们的自我反省越深，最后的自我鉴定也就越成功。反之，反省不深入，我们得出的结论也不客观。

你对未来如何打算的，想强化哪些能力？

未来当然更为重要，不论过去我们是否输掉了，我们都要赢取未来。假如你的志向是——在未来某段时期从事一份举足轻重的工作，承担一份非常重要的责任，做出一番决定性的事业，那么，你未来的上司肯定很关注你对未来的自我设计，观察你将来能够体现的价值，而不是盯着你过去和现在做的事情。

对此，你的准备要充分与合理，并且符合你现在的身份，要有一个更别致的风格，因为这是你对自己将来志向的总结，是你呈现给他人的未来远景。你要使自己具有掌握和改变未来的能力，使自己在未来有立足之地。

我们在进行自我提升时，这是一个必须关注的问题。你不能逃避，也不能无视，因为这决定了你将来能做什么，能左右什么。当你再度对自己回答这个问题时，不可忽略之处是：不要虚构一个与你的将来毫不相干的过去。你要忠于自己的事实，忠于你自己。在具体评估时，一个很简单的方法是：找到自己的过去与将来的联系点，去收集那些已经过去的资料，再按目标主次排列，清楚地看到自己昨天是什么样的人，以及到底做了哪一些值得记住的事情。

我们的建议——找到你真正的优点，这就是人们需要你的地方

为什么要在一张纸上列出有关于自己的全部因素？因为我们发现自己真正的

优点，当它们只是藏在心里时，是不那么容易被找到的。它们总是隐藏在角落，即便绞尽脑汁、甚至山穷水尽时，也未必能发现它们。

在最近的咨询和培训工作中，我发现很多人的自我描述都没有重点，或者过于大众化，难以让自己个性鲜明，或者过于谦虚，没有看到自身的优点。他们总在强调自己需要什么，而不是在总结别人对他的需要。

所以，我建议你要自己去肯定内在的优点，发现那些闪光之处。并且，这些闪光之处到底在哪方面有利于自己呢？因此，在你进行详细的自我描述之前，要仔细地罗列自己的人生经历，回忆自己在以前的生活和工作中到底积累了什么样的优势，在生活中到底有哪些过人之处，是不是得到了别人的羡慕或称赞？然后，从中挑选出自己与其他人的不同之处，以便突出你的优势。

作为摩根财团的创始人，老摩根对自己的子女说过一句教诲之语："一个人要让自己成为别人的需要，才是自己价值的表现；要让自己去满足别人的需要，才是自己价值的实现。"他留给后代最宝贵的财富不是金钱，而是教会他们如何用自己的价值赢取信任和获得权力。

这表明，推广和包装自己权威的最好方法就是让自己成为别人需要的人，特别是大家急需的人——人们迫切需要你帮助他们做决定，希望你提供帮助，或者带领他们把工作做好。一个人拥有了这样的价值，他才获得了相应的地位，才有足够的底气表达自己的需要。

案例："你没有利用价值了，因此你将失去工作！"

一头凶猛的狮子在一座山上居住，当它每天睡觉的时候，就会有一只老鼠悄悄地爬到它的头上去啃它头上的长毛。对这件事情，狮子当然十分生气，它真想把那只老鼠抓住，教训它一顿，但各种因素的左右，使它没有成功。狮子后来就想了一个办法，什么办法呢？它找来了一只猫，用大鱼大肉把这只猫给养了起来。猫是老鼠的天敌，自然是害怕猫的，所以老鼠吓得不敢出来了。因为自己有这样的价值，猫就很得意，认为狮子离不开它，它就在山上开始打着狮子的旗号作威作福，久而久之，山上的其他动物也开始怕这只猫。

但是有一天，老鼠偷偷地从洞里爬出来觅食的时候，猫一下子就扑了过去，把它给捉住了。捉住之后，猫一举吃了这只老鼠。狮子一看，自己的心头大患已经被铲除，那么猫也就没有什么用处，就把它赶下了山。猫失去了工作，其他动物也开始欺负它。

被需要的第一原则，就是不能失去被利用的价值。不管是生活和工作都是如此，你所能做的，就是保持这种价值，并且不断地完善和提升，让你自己变得不可被取代。否则一旦你失去了可被利用的价值，也就失去了别人对你的重视。

案例："我活着你才能活着，因此我不会死。"

在一个王国，有一位占卜师的预言十分灵验，没有他预测不对的事情，人们都很崇敬他。所以国王认为自己的权力受到了威胁，就想把他杀掉，置他于死地。这天晚上，国王就把占卜师叫到王宫，想找个机会把他砍了。来到王宫以后，国王嘲讽地问了他最后一个问题：

"大师，你自称占卜无不灵验，能够预知到任何一个人的命运，天文地理无所不知，好像上帝一样。那么你能否算一算自己还能活多久呢？"

这位占卜师早就看到了危险，笑一笑回答说："是的，我能预测到，我会在您驾崩的前三天去世。"国王一听傻眼了。他只好放弃了杀掉占卜师的想法，反而把他奉为上宾，全力地确保他的健康以及生命的安全。因为如果他死了，自己也要在三天后死去。

就像占卜师一样，自己拥有对别人不可替代的价值——国王活着的代价是让他活着，他就不会被国王杀死。如果你对一家公司的价值也达到了这种程度，你就有权力对任何事情说"不"；你可以拒绝任何人对你的不利行为。

在某一方面做到极致

在多年的调查和咨询中，我发现人们都很喜欢天赋，希望上帝给予他足够的先天优势。但这是错误的方法。为什么呢？天赋只能给你一种学习的先天优势，却不能保证你在这方面将能力发挥到极致，也无法保证你有百分之百的把握击败你的竞争对手。

我总是听到人们对我说："周老师，请给我一些改变现实的办法！我的生活太悲剧了，我感觉自己没什么能力，在自己想干的工作中，总是被别人控制，我应该向谁求助呢？"

现实中，人们都有朝着好的方向努力的意愿。但不幸的是，当他们坐下来审视他自己时，多数人还是习惯性地戴着有色眼镜来看自己，他只看到了不幸的一面，没有看到有利的东西。他开始相信运气，相信天赋，从各种角度给自己找理由，制造借口。

但反过来，人们在审视别人时，又站到了另一种角度。他们盯着别人的缺点，哪怕是任何一丁点微小的不足，看不到自己应该学习和努力的东西，只想通过指责别人、抱怨环境和自我哀叹来实现心理的满足。

最清醒的认知是什么？答案：把某一方面做好就够了。

对于内心强大的人来说，他们对自己的认知就是十分清醒的。缺点当然可以看到，但他们也不会轻易出现贬低自己的语言，哪怕只是随便说说的一句话。他们也不会对自己有过分的要求，而是清醒地盯着某一个领域，努力提升自己的能力。

我建议你学习这种品质，比如你每天都可以对自己说：

"我在这方面是可以的！"

"我对于某件事有很好的期待，但这就够了，我不期望做得太多，只要做好一件事就行。"

"我这次要做得比上一次更好一些，争取每天都有进步。"

"我想今天的表现已经比昨天强了许多，我可以继续努力，把自己的优势完全发挥出来。"

就算现实并不尽如人意，但你也可以正确地认清现实，不用管那些你控制不了的事情，而是在接受现实的基础上不断地勉励和激发自己，将可控的工作做好，这就是最大的成功了。

相反的是，那些内心衰弱和习惯了失败的人则不然。他们通常以矮化自己的方式进行自我评定，不是提升自己，而是弱化自己。每当遇到挫折，或者情绪低落时，他们的思想就变得极为消极，与此同时，他们内心的力量也立即变得微弱了。随之而来的，就是严重的不自信——不管干什么都不自信，觉得自己一无是处。

他们会不断地暗示自己：

"你看，我本来就不行的，现在应验了吧！"

"现在我才知道，自己压根儿就不是那块料啊！"

"我本不应该做这件事的啊！"

"如果要是那样，说不定就不会有这么惨的结果了！"

"我应该早点放弃的，早放弃的话，就不会出丑了！"

"这件事没做好，一定有很多人嘲笑我，他们都在看我的笑话！"

这就是弱者典型的表现：

1.他们要么是极度自大的："我无所不能！"

2.要么就是极度自卑的："我一事无成！"

总的来说，弱者对于自己没有一个客观、中立和理性的评估。换句话说，在开始做事之前，他们给自己可能打到10分的高分，但失败以后，就可能给出0分的最低分了。对于自己应该重点发展哪一种能力，他们也没有一个清醒的定位。

强者应该怎么做呢？

你应该在激励自己的同时，也能谦虚地对待别人的赞美，对自己有理性的定位。你应该在别人奉承自己的时候一面考虑如何不受其引诱，一面又能去发现自己新的追求目标，让自己在某一领域内做到极致，拥有不可辩驳的实力。甚至于在对自己进行提升时，采取适当的压低自己定位的做法：不要妄图做好每一件事情，只要把最重要的一件事做好就可以了。

——我们要对自己做出正确的自我评价："我就适合做这件事。"

——我们要给自己指出今后应该努力的方向，而不是为了让别人知道并送上赞美："我很出色，我做好就可以了，不需要别人来吹捧！"

——我们要总是相信自己某方面的能力："在这一领域内，我是充盈的自信的，我为自己的成就感到自豪！"

——我们要确信自己是有价值的："因为我具有价值，所以我才能像爱自己一样去爱他人，才能体现出从容与淡定的心态，这更使我要清醒地看待现实，而不是在现实中迷失！我要找到未来的领域，然后坚定地走下去！"

请相信，只要你能够自信地讲出在某一个方面自己最擅长的优势，你就已经拥有足够强大的资本了——它可能帮助你应对任何事。

自信的前提是实力

没有谁是不想拥有信心的，这无可置疑。不管是男人，女人，还是老人，古人，现代人，都希望自己是超级自信的人，一点也不害怕遇到各种各样的问题。因为人们总是在拥有信心时，才能感觉到自己的存在，体会到自身的价值。

然而，事实为什么如此残酷呢？人们虽然有信心，但却并没有做到内心期待的结果，也没有实现自己的目标——我相信多数人都有这种强烈的困惑，他们觉得自己信心很强大，但结果却很悲哀。

就像一位咨询者说的："周老师，我自信了半天，却发现自己并没有相应的能力，去实现我所期望的那个结果。最后，只给别人留下了嘲笑我的把柄。"

问题就来了——我们该不该自信呢？如果我们应该自信，那么还需要做什么工作呢？

我们能通过自信获得多少回报，取决于我们自己的实力

真正的自信，就是我们信赖自己有能力取得一定的成功，有能力实现某些预想中的价值，而不是虚头巴脑只凭嘴说，就要完成某些难度很大的工作。

可以打个比方：如果有一家公司雇用你去给他们从事设计工作，虽然工作很

简单，但年薪却是惊人的一百万美元。我的问题是："有多少人愿意应聘呢？"在一次街头调查中，我惊讶地发现，竟然有87%的人不敢应聘，因为他们觉得既然给出了这么高的薪水，说明一定有极高的能力要求。但当我们将薪水设置为5万美金时，这个比例就降为了9%。

这是一个值得深思的问题。人们的自信有多少，经常取决于他对自己能力的评估。人们愿意相信这一原则：实力有多强，回报有多高。所以，生活中无处不在的例子，都告诉我们你应该先增强自己的相关能力，再来激发相应的自信。

有实力也未必就能产生自信

虽然自信的基础就是实力，但是实力本身却不一定就会产生自信。这并非100%的逻辑，也无法形成自然而然的推论。一个很简单的例子是，那些犯罪分子虽然表现出了很强的破坏力，他们有充足的实力去干坏事，但在这个过程中，他们却是缺乏自信的。

为什么会这样呢？

答案是：任何一种能力都必须经过肯定才能演化成自信。

犯罪分子固然能力很强，他们有一万种偷东西的方法。但没有人肯定这种行为，也没有人宣传这种行为。未经肯定的能力，就不会产生足够的自信。再比如，我对一个外国人讲了两句英语，虽然我有很好的英语水平，但这名外国人却表示他根本听不懂，那么我就会突然变得不自信起来："是不是我真的水平不行？"

你看，因为得不到肯定，即便你自认为能力很强，有时也会产生某种程度的狐疑。没有得到肯定，能力就无法变成自信。假如那名外国人听到我的问候后，马上就用英语给予我回复，并称赞我的英语水平，那么我立刻就有了充足的信心，会变得沾沾自喜起来。

你必须信任自己，并且信任他人

我们只有一条路可走。一方面，我们要提高自己的能力。能力包括说话、做事、学习等各方面的素养，都要采取正确的步骤进行提升。另一方面，我们也必须对自己有足够的信任，然后才能信任别人，同时实现双方的互相信任。

1.先让自己变得多学与博学

第一步：这是打基础的阶段，尽量多学习不同领域的知识，博学广闻，每种知识都涉猎一些，打好一个牢固的基础。

2.再让自己变得精学与精通

第二步：这是一个提升的阶段。在拥有了知识基础之后，再找到自己最擅长的领域，进行重点提升，达到精学与精通的层次，拥有某种被更多人需要的能力，建立别人离不开你的价值。

这个世界上，所有的"能力"都必须通过自身的努力，去一点点地累积。如同盖一栋房子，先打好地基，再盖第一层，第二层，直到盖完顶层。这无法通过投机来迅速实现——凡是这样想的人都会失败，没有人能做到一夜之间就让自己拥有了真正的自信！

但我相信，只要你勤奋，上进，勇敢地面对世界，你即便不会成功，也一定能通过时间的磨练建立自信，变得不再缩头缩脑，而是充满了旺盛的斗志。同时，变得勇敢和坚定。这是我对你最真诚的建议。

自我提升课：5项原则和8条戒律

我们要真正地提升自己，首先需要严格地遵守5项原则。

确信自己找到了最擅长的领域

这一领域必须是自己的兴趣、爱好与能力的结合。比如你擅长科研工作，那么它就应该是你乐此不疲的事情，而不是要靠强制力才能从事的工作。

制定明白无误的方向，并坚持朝这个方向努力

在一开始就必须是正确的方向。如果方向错了，你走得越快，努力越多，产生的错误就越大。所以，先确认有一个靠谱的梦想，再制定成熟理性的计划。

在必要时，寻求前辈的帮助，不要拒绝他们的支持

不要指望一个人单打独斗可以解决问题，全世界都没有这样的好事。在必要之时，接受并寻找优秀前辈的协助，对他们的帮助不要拒绝，要采取热情而好学的态度。

拥有反思的能力，并形成一个定期总结的习惯

不断地反思，让反思成为良性的习惯。只有反思才能发现问题，发现了问题就要及时改正。也就是说，我们要有拒绝犯错误的能力，也要擅长听取别人的相反观点，而不是一味地对别人表示拒绝。

不论任何时候，都不要放弃自己的主见

主见非常重要。它是一个人独立意志的象征，是一个人之所以是他自己的体现。不管你遇到了多大的阻力，遭到了多大的挫折，都不要轻易放弃你的观点和原则，你要坚持底线原则，守住自己的红线。

在坚持上述原则的基础上，你还要懂得避免8条戒律，严格约束自己，不要逾越这些禁区，否则很容易走向极端，成为过于功利的现实主义者。物极必反，过于相信实力的人会变得不近人情，最终使自己的人际关系受到损害。

不要永远不向朋友求助

如果你永远不求助于朋友，就将面临一种可能性：朋友纷纷远离你。

不要毫无理由拒绝别人

在拒绝别人时一定提供理由，不管你能力多强，都不能居高临下、毫无理由地拒绝别人，这会伤害你们的关系。

不要表现得太过强硬

太过强硬的态度，会让人们不再与你打交道。到最后，你连展示强硬的机会都没了。

不要伤害别人的正当权益

守护自己的利益是正常的，但千万不要走向另一个极端：损害他人的利益。这只能让你成为一个反面榜样。

不要过于自信

自信过了头，就变成了狂妄自大，目中无人。自信变成了自负，就会让你的人格魅力减分。

不要不给别人一点退路

在拒绝别人时，也要给人留下可商量的余地。比如，只要满足一些条件，你

们仍然有合作的机会，有统一立场的可能性。

不要成为完美主义者

完美主义者让人敬仰，但也让人唾弃。你必须非常明白这一点，因此要改正自己身上的"道德洁癖"。

不要坚持错误的方向

如果方向错误了——当你发现了这一点，不论时间早晚，都应果断地放弃。否则，在错误的方向走下去，你今后的一切努力都是白费的，也是毫无价值的。

第 十 课

适当贪心：积极进取，告别畏惧，我说了算

　　往往在人们最泄气的时候，恰恰机遇就已经走过来了。这时候如果能振作士气，重新贪心起来，将比平时有更大的可能成功。

面对现实，接受现实，超越现实

这几年来，随着生活节奏的加快，有许多咨询者叙述他们失去拒绝能力的原因是对现实的迷失。就像柯先生说的："我有一种强烈的感觉，不清楚在我的身上发生了什么，也不知道我应如何是好。"即便情况已糟糕到了严重地步，他们可能还在唱着欢乐的歌谣：

"嗯，一切都还好，我就这样过下去吧！"

在柯先生再一次顺从上司的苛刻安排时，他的心声就是这样的。在我看来，这是基于一个人的潜意识对现实的逃避。就像一个迷路的孩子一样——刻意制造一种假象——我没有迷路。

对于那些已经迷失于现实的人来说，就像很多公司的状态，它们是失败的公司，但仍然在"运营"，也在不停地招人，扩张。可如果你看一下它的账目，分析一下它的现状和将来，实际上来说它可能已经死亡了，因为失去了应有的张力。在前面等着它的可能是一座坟墓，如同那些迷失于现实的个体。

看清现实，你才知道应该如何面对未来

我们经常对于现实有些拿不准，对自己的现状要么盲目乐观，要么极度

悲观。有些时候，我们会沉溺于两种想法而不能自拔："我应该是向前还是向后？"

这时，我们不但失去了拒绝不利选择的能力，还感觉自己的勇气在不断削弱。这时在我们的脑海中出现了两种完全不同的想法：

第一种想法——它是拥有积极的战斗精神的，它鼓励我就应该顽强地生存，无论遇到多么艰难的环境都要战斗不息。我听到它在脑海中对我喊："喂，去吧，冒险吧，那是你的乐园！冲刺吧，那是你的领地！不要管什么危机，不要怕什么风险，大胆地去干吧！"它让我立刻向前冲，不要顾忌什么危险；让我忘掉现实，去经营未来，去实现梦想。

第二种想法——它是异常小心谨慎的，也是非常清晰的，就像一面镜子，在让我看到现实，让我看清楚到底在发生什么。比如，我的的财务情况很紧张，我与媒体的关系不好，我缺乏足够的客户。好像每一个因素都是灰色的，是对我非常不利的，眼看大山就要倒塌。它不停地提示我，你要放弃一些现有的东西，做出变化，然后去适应下一种环境。

它说："你只有看到这种情况，接受它，改变它，你才能生存！"

最后我们的选择是什么？当然果断地选择了第二种：你要面对现实，然后才有机会改变现实。

现在，你如何才能知道自己已经严重脱离了现实呢？我向你提供一些衡量的标准，你可以对照自己的现状进行思考。

（1）你已经忽视了现实意义重大的指标，比如你的工作成绩，生活状态等，而且你对现状感到很麻木，同时又对未来保持无凭据的乐观；

（2）在早晨你不想起床，就连做一做运动的兴趣也没有，你唯一的想法就是继续睡觉，不想醒来；

（3）有很长的一段时间你都没有出现在公众场所了，也不想去参加公众聚会，因为你不知道自己应该如何向人解释自己在做什么，或者做的事情有何意义；

（4）在过去的相当长的时期内，至少超过了几个月，你都在为了同一件事情努力，但并没有取得什么效果；

（5）你对于自己的未来能够说出很多的打算，但其实呢？你在心中非常清楚这些事情并不靠谱，也没有丝毫的把握，你只是说说而已，并不期待它成真；

（6）你的灵光四射，内心充满了想法，有的是奇思妙想，也正在实施，但你身边的知情者都认为这不现实，而你却根本听不下去；

（7）你长久待在一个地方，比如卧室或私人办公室，不想与同事对话，也不想看见亲人或上司，只想就这么一个人待着，动也不想动，就连听音乐的心情都没有；

（8）你为生活或工作付出了巨大的成本，但你仍然在增加成本，却看不见有任何的回报；

（9）你当然也知道自己需要改变，但总是无法下定决心，为此你可能已经内心挣扎了数月乃至更长的时间；

（10）每当想到生活时，你总是心情复杂，认为自己的确需要改变了，但你却又不想睁开眼睛，看一看眼前的事实。对你来说，时间就这么一点点的浪费了。

改变现实才是最重要的——这时不要考虑自尊

现实是如此沉重，如果你拥有了上述的现象，哪怕是全部都有，占满了整整十条甚至还能写出更多，这对我们来说也没有关系，你也不必惊慌失措，因为再怎么糟糕的局面其实都有办法补救。

这个世界上没有什么解决不了的问题，但前提是，你不能再为了自尊或什么面子损失实际的东西。在咨询中，我也发现，大部分人之所以不想改变，都是因为害怕面子受损，于是最后就都死在了自己的面子上，他们不过是在需要改变时拖延了那么几个月、几周甚至几天，只为了照顾自己不情愿的心理，就白白地错失了最后的良机。

这难道不值得我们警醒吗？

1.你需要做的第一件事情是承认现实

我们需要承认自己所面临的艰难现实："是的，原来事情是这样！我接受现实，绝不逃避！"接下来，你将面临一个困难，那就是选择下一步如何行动。这将由你的具体情况来决定，也与你身处的环境有莫大的关系。但无论如何，你都应充满斗志，不能中途放弃，也不能一开始就选择了逃跑。

2.你要立刻警告自己

"我从现在开始，决不会再欺骗自己，也不能再当一个掩耳盗铃的人，我不会再浪费自己生命中的宝贵时间，不会再忽视和漠视别人对我的信任！"

3.最后重要的是你应立刻策划下一步的目标

既然我已经看到了现实，清楚了自己的目标，树立了自己的决心，难道我没有勇气去改变吗？我感到心灰意冷吗？所以，这些都不再重要了，重要的是我们已经无法躲避，而是应该制定成熟的计划，确认目标，然后拟定阶段性的步骤。

向谁学习，你就会成为谁

现实中，有的人愿意自己摸着石头过河，有的人愿意交路费上高速公路。通往成功的路上有很多种方式，有句话叫"条条大路通罗马"，总有复杂的路，也有简单的路。区别在于，你自己愿意选择哪一条路呢？

迅速地通往成功公路的方式之一，就是找一个适合自己模仿学习的榜样，让一位有丰富经验的前辈教给你一些重要的品质、方法或提供给你宝贵的经验。在人生的某一个阶段，为自己选择这么一个优秀的榜样是十分重要的，因为你能从他（她）身上找到一些已经验证是成功的东西，而那些东西可以为自己所用。

一定要记住，提升自己最快和最有效的方法，不是自己闭门造车地去发明一套自己的东西，而是按照成功者已经验证过成功的方法去做。当然，你更要学会的则是和你的偶像当朋友。哪怕无法成为朋友，你也要尽量使他明白你要从他那里学到什么。

每个人都会有自己学习的榜样。但关键的问题可能是——你会选择什么样的人成为你的榜样呢？

在过去的十几年中，我从自己的榜样那里学到的最棒的本领不是如何让自己赚到更多的钱，而是怎样去表现我的真诚。因为相比工具和手段，只有真诚才能完全地打动人心，让别人对你也推心置腹；也只有真诚，才可以让你自己体会到什么是这个世界上最强大的力量，才能体现出最不可抵挡的说服或拒绝的能力。

你在很早的时候就要学会辨别哪些人是不真诚的，然后与之保持距离。不要让这些人成为你的"学习对象"，否则你的一辈子都可能完蛋了。你要懂得靠近那些不鼓励你弄虚作假和对你推心置腹的人，也要尊重那些不顾及你的面子，对你提出深刻批评、指出你的缺点的人，他们都是真诚之人，这都是值得你学习的品质。

有位南加州的女孩曾经不解地说："周老师，我发现自己一说实话就跟朋友闹掰了，说假话的时候，她们才高兴。这是为什么？"这也是她不知如何是好的原因。因为人人都喜欢听假话，不想听真话，至少"不真诚"在表面上看起来是很有市场的。但是，这岂不正是真诚宝贵的地方吗？我们平时交到了太多喜欢虚荣、不能接受现实的"学习对象"，也正是他们共同形成的环境，让你也跟着迷失了。

并不是所有的"榜样"都是合格的。你不要以为只要是个"值得学习的成功者"，他就一定能帮你解决心灵困惑，在某些方面给予你积极的指导，甚至替你指一条康庄之道。事实上，的确有人可以把你引向光明，让你变得更加强壮；但有的人就只能把你扔进黑暗，拉着你一起抱怨、颓废和喋喋不休。

这个世界上有两种榜样，一种是前者，一种就是后者，他们只会给你提供一些使你向下坠落而不是向上飞升的动力。对于这类人，我用三个字来形容：盗梦者。他们可以盗走你的梦想，消除你的内存，再放进去垃圾，拽着你一起沉入黑暗。也就是说，向谁学习，你就会成为谁——无论他提供的是积极还是消极的力量，你都会变得和他一样。

他对你毫无益处，因为你的一切积极念头和美丽的梦想，都会遭到他的打击。他总是贬低你的想法，嘲笑你的努力，而且一直不断地告诉你："这个世界很黑暗，这个环境很糟糕……"

"这时，请告诉我应该如何选择？"

当你希望他提出富有建设性的意见时，你不会从他的嘴里听到一个字，因为他自己也不知道怎么办——或者他只是在将自己的怨气通过你发泄出来，实际上他是在作弄你而已，不管你将来活得有多么糟糕，他一点也不在乎。

我们每个人的生活都遇到过这种人，他们有的是教授，有的是企业领袖，有的是你的同事和前辈，还有些则是我们的亲密朋友。当你向他请教问题或者他有机会向你兜售人生观点时，一定是把这些生活垃圾倾倒出来，对着你倾盆而下，全是消极信息，停都停不下来。

很多我们视之为榜样的人，可能本质上就是这样的，他们在向你灌输一些观点、某种世界观时，你一定想象不到真相到底是不是如此。你尤其要警惕那些教你如何抱怨的家伙，他们可能一打开你的内心世界，就开始倒垃圾了。对这样的人，不管他是否学富五车，都最好离他远一点。这些精神垃圾害人不浅，而且误人终生。

特别是从他们口中吐出来的消极言语，会在无形中误导你将来的选择，把你的生活变得十分邋遢，甚至污染你的心态和梦想。因此，绝对不要和这样的人来往。

有下列行为的人，是不值得我们学习的：

1.教你抱怨

他在你遇到问题时，不是教你如何解决问题，而是引导你怎样抱怨；

2.灌输消极的价值观

他们总是宣扬世界的阴暗面，灌输给你无比消极的价值观，比如容易导致你自闭、放弃理想或对积极的计划打退堂鼓的观念；

3.品行不良

他以自己不良的品行为你树立模仿的榜样，并误导你向这个方向发展，我发现许多业界楷模都具备这一特点；

4.只会喊口号

他不是教给你解决难题的技能，而是只会喊口号，让别人来解决，自己成为旁观者；

5.宣扬自私

他极为偏颇地理解"自由"，让你成为一个自私而不懂得担负责任的人；

6.个人主义至上

他总是忽视集体利益，宣扬个人主义至上，并且把此观念灌输给你，让你也变得只注重个人利益。

在我和德拉格教授多年的研究中，我们发现很多人都经常受到此类消极营养的毒害。人们犯下错误，不是因为自己想这么做，而是有一个错误的学习榜样在教他这么干。他们从自己的学习对象那儿学到了一些东西，觉得做一些错事是正当的，不必有愧疚。

就像有些人宣传的："放弃我们的生命也是一种自由和权利。"那些自杀行为的支持者如是表达，他们并非天生就持有对人生的悲观态度，而是在关键的人生阶段受到了一些人的影响，无形中接受到了这些人灌输的消极力量。

一个好的榜样，或者说称职的导师，他们应该鼓励你对人生抱有积极的想象，并且不断地尝试新鲜事物。跟这类人在一起时，你的感觉应是阳光的，轻松的，也是没有压力的。如果你的身边有这样的朋友或者老师，你应以他为师，多花时间与他相处，从他身上学习和接收这样的力量。

和他相处的时间越多，你对于自身的评价就会越高，自信心就会越强，你也会朝着更积极的方向发展，成为一个能够积极乐观地看待生活和勇敢地挑战困难的人。这应该成为我们的学习天性，凡是可以帮助我们融入社会的人，都应成为我们的导师和思想的启蒙者。你要多和这类人接触，并让他融入你的圈子，和他建立精神上的链接。

并且，你要跟那些相信你的雄心壮志、并且可以给予你实际的积极帮助的人在一起。

由此可见，向谁学习的问题比我们怎么学习更加重要。如果找对了榜样，你可节省大量时间，少支付昂贵成本。这些节省下来的时间有时会长达三年、五年甚至八年，这样你等于延长了自己的职业生命。在你取得某方面的成功后，回望过去，你总会想起一些人。他们给了你这样或那样的帮助，才让你度过了一些关卡。正是这些当初你的学习对象，让你在成功的道路上走得更快了一些。

你的目标应该是"最好的自己"，而不是"另一个别人"

去学习和模仿那些成功者固然是可以的，这是一条捷径，但我们每个人都应该做自己最擅长的而且是已经着手在做的事情。发现自己的方向，就不要轻言放弃。坚持让大人物看到你自己的优势，然后真心实意地来帮助你。

没错，模仿当然是上天赋予我们的一种秉性，也是人们的能力之一。比如在艺术、商业领域，人们习惯于模仿前辈，拿他们的风格、经验和模式过来，为己所用。在初期这是可以的，但当你站稳脚跟以后，如果还在不停地模仿，后果就会很不好了。

（1）一直模仿下去，并没有办法让你取得真正的属于你自己的成功；

（2）如果总是带着模仿的心态，你很难得到高质量的帮助。

郑先生当年毕业于国内的名牌大学，他在自己创业初期跑到美国，采用自己导师的模式开了一家小公司。在前几年的时候发展得特别好，但随着业务的扩大和市场情况的变化，他发现自己的经营变得艰难了。虽然险恶的境遇需要他做出改变，但他始终觉得导师的模式是最好的，因此拒绝调整。

后来他实在撑不住了，就回国见自己的导师，求他帮忙。但他的导师并没有因为得意门生在尽力地模仿自己感到自豪，而是非常生气，说："小郑，从你这几年的表现看，你不配当我的学生！"

郑先生的经历很能说明问题。你无条件地学习和跟随一位成功者，反而获得不了他的尊重。如果能做出自己的特色，倒是可以引起对方的兴趣和伸手相助的诚意。这就表明，我们在一开始的模仿是必要的，但终归你要成为自己，找到自己的独特之处，然后造就自己。如果你总是活在别人的影子里，你再大的成功都是虚有的。

最痛苦的"成功"，就是活在别人的影子里

假如我们过度地崇拜了一个人，特别想成为他，比如接近他，或者实现他已经实现的目标，那么在本质上，就成为了一种对他的成功的复制行为。此时在你的心中，你的学习对象就已经成为了一尊神而不仅是一个人。

从此以后，你每天都抬头仰视着他，模仿他的一言一行，复制他的成功方法和做事风格。那么我要说的是："虽然你也很可能像他一样取得成功，但你永远成不了你自己。"为什么呢？因为你的每一天都没有你自己的影子，全是他已经走过的轨迹。

在这种状态下，你只是他的一个影子，是对方的意识投射。无论你获得多么巨大的成功，一个独立的你都已经消失了。你再也看不到自己的存在，也不可能找到自信。可以说，到此为止，你向这位"成功榜样"学习的意义和积极的东西都已经不复存在了。请相信我，哪怕是一丁点正面的价值都找不到。

结识至少5个高质量的朋友

今天，一个无法回避的事实是——大凡有点成就的"成功者"，他们都有一个高质量的圈子。在这个圈子中，他至少拥有5位以上的高质量朋友。这可以和他一起形成一个强大的资源平台，让他们一块做点高难度的事情。

5个高质量的朋友构成一个强大的圈子

什么是圈子？从古到今，朋友圈子都如同是一种身份的象征，成为了我们的事业高度、方向以及人生质量的体现。一个拥有高品质人脉圈子的人，他一定也是一个不平凡的人。

诚然，我们发现也有更多的人不赞同在交朋友的时候需要搞什么圈子。他们忠信于自身实力的过硬。他认为："我自己这么牛，到哪里都是厉害角色，我不需要什么朋友！"这样的人信奉"是金子就会发光"。不过，一个人想要成功，自身实力是首要因素，但机会却是可遇而不可求的。

小李是在上海一家公司工作的众所周知的技术性人才，但他的性格比较内向，几乎不怎么喜欢与人接触，这么多年来也没有什么朋友圈子，所以，一直在一家小科技公司的技术员岗位上干了好多年，去年才终于成为高级技术员。但与他同期的大多数同事，甚至技术能力不如他的人，都已经在很好的企业当上了经理甚至总经理的职位。

小李就很纳闷："这帮家伙怎么做到的？"

原因是什么？其实他们并非都靠实力，而是通过一个圈子的交流介绍，把自己的价值广泛传递出去。这样一来，即便能力不是很强，也能快速地找到一个好位置，来实现自己的野心，达成自己的人生理想，使事业始终处于一种积极向上的状态。

你要知道，当一个人的身份、地位达到一定层次的时候，他是不需要去招聘会、投简历找工作的，仅仅通过朋友圈子的介绍，就会有很多好的企业主动找上门。对你来说，就必须提升自己在这方面的"话语权"，不能总是空坐在家里，白白地浪费宝贵的时间。

实力为王——你有多高，朋友就有多高

但是，我们想要拿到一个高质量圈子的门票也并不容易，没有谁会免费给你这种资源。这首先需要你拥有足够的实力，并且出众耀眼，如此一来，才会有高质量的朋友愿意和你建立关系，一起共同发展。

去年，有一位在北大毕业的高材生问我："周老师，我是一个刚毕业的大学生，怎么加入圈子或者加入什么样的圈子呢？"

我对他的建议是：

（1）勤奋：你必须是一个勤恳奋斗、脚踏实地的人；

（2）机遇：善于发现并抓住机会；

（3）榜样：找到一个机会和行业内的长者或者是比你厉害的人探讨。

我告诉他，必须同时拥有这三条，努力实现这三条建议。而且不要小瞧了最

后一步，这是一个推荐他自己的很好的机会。通过与榜样的互相交流，他可以向这种高质量的朋友展示自己的特长，让高质量的人脉引领自己更进一步。

我对他说："记住，如果少了最后这一步，纵使你有千般技能，就像深埋地下的金子一样，等待被发掘的日子就太长了，甚至可能永远没有出头之日。"

假如现在你已经25-30岁了，找工作的方式还是通过网上投递简历，参加各种招聘会，这就证明你的朋友圈子太小了，或者说你的能力太差，你仍旧不够努力。

什么时候开始这一计划呢？

1.在你刚毕业时，以提升能力为主

在刚走出校门时，我们的资历一片空白，这时应主要以提升能力为基础。因为还没有成功者愿意和你做朋友。所以，首先你自己必须是一位不断奋斗和值得他人尊敬的人，为将来打好基础。

2.在有交流的机会时，展示自己的特长

一旦有交流的机会，你要果断向他们展示你的特长，不要错过这样的机会，因为一定很难得。错过了这次，可能就没有下一次了。同时，在展示特长时，要采用委婉的方式，不过于暴露自己的目的。

3.不论到了什么时候，都必须保证自己的上进心

任何人在任何时候，不管到了哪个年龄段，都要保证自己是一个积极上进的人，而不是消极的堕落者。如果你毫不上进，只想通过高质量的朋友来出人头地，那么我奉劝你，还是趁早打消这个念头，因为他们很轻易地就洞察你的意图，让你处处碰壁。只有上进者，才能赢得别人的尊重，这是永不改变的真理。

别人不具备的"一技之长"是你的底气

从根本上而言，你应该保证自己拥有一技之长，你独有的从别人那里不能轻易获得的本事。你可以借助某个机会或者身边的资源邀请这个圈子里的人，制造与他们接触的机会，并且用身边的一切资源为自己创造一个位置，尽量成为场合中的核心人士，这样你会受到关注，也能被对方更好的认识和了解。这是一种捷径也是有效的方式。

什么时候都少不了"自知之明"

需要特别指出的是，当你有机会加入别人的朋友圈子的时候，有自知之明是很重要的。这就是说，你必须清楚地知道自己几斤几两，你能够为他人带来多少便利，换句话说，你有多少值得别人"伸出贵手"的价值。如果你只是怀着功利之心，想要出人头地，那还是先自我修炼好实力再说吧！

当然了，如果你具有一定的实力，而且成绩突出时，不要觉得不好意思或者自卑，大胆地展示自己，不卑不亢。你展示自己的时候，可能已经有"中意"的人在关注你了。

黄金建议——谁认识你才是关键

最后你应该明白并记住这一点，你认识谁并不是最重要的，谁认识你才最关键。因为我们都认识巴菲特，也都认识马云，但他们却不一定知道你是谁。

这就是提升自己资源能力的最高的境界，也是一个人能否成功的重大保证。与其绞尽脑汁去向成功者递上投名状，不如提高你的自身价值，让他们知道你，认识你，进而对你感兴趣，然后产生合作的可能性。

这表明，如果想加入一个高质量的圈子，你自己要首先成为一个高质量的人，而不是随波逐流，只想碰碰运气，妄想什么都不做就得到好的合作伙伴，就能跳进充满机遇的黄金圈子。

实际上，建设良好的资源平台一定存在两个相辅相成的原则：我们既要去主动结识那些能带来好的机会的成功者、潜在的合作者，同时也要不断地增加自己的光亮度，就像越来越亮的灯泡一样，照到更广的范围，让那些拥有能量的人可以及早地看到你，然后主动地向你走过来。当你在这两方面都做得很好的时候，你不但会拥有好的高质量人脉，也一定能够拥有一个幸福的生活和一个成功的事业。

没有失败，只有"暂时休整"

　　人人都害怕失败，因为失败非常痛苦。的确，失败给人的第一作用就是打击信心，让人意志消沉。所以，有的人就因为害怕失败，对自己的理想只敢想一想，却不敢采取行动。

　　虽然这一类人在生活和工作中不会遇到重大的失败，但是同样，他们也遇不到成功。在现实中，他们可能活了大辈子都不知自己有多大的本事，也没有真正地享受过他们热切盼望的成功，没有拥有拒绝别人的资本。原因就是他们害怕失败，因此从来没有行动过，也没有努力过。

　　贝多芬有一句名言，他说："我们要乞求失败！要从追求成功到乞求失败！"

　　为什么一个意志强大的人会疯狂到乞求失败？因为只有失败才能帮助自己发现究竟如何提高自己的能力。失败是成功之母，是我们增长才干的最高途径。

　　现在我问你："你是怎么看待失败的呢？"

　　在外人眼里，我的朋友张辉或许更应该理所当然地选择一条学术研究的道路，成为科学家。但在沉静的外表之下，张辉的理想却是远大的。虽然他渴望能安静地坐在研究室里研究理论，或者在一个周末的下午给别人讲课，他也喜欢读书，喜欢那些空洞的哲学，但他还是在大学毕业的前夕，果断地退学，开始了自己的创业人生。

对于这个决定，张辉的解释是："我希望自己能成为对社会和对别人有贡献的人，能为更多人承担责任，但我自知天赋不够，很难在科研领域做出一番成就，所以我就做些生意来实现自己的理想。因为我感觉自己有创业的兴趣，也有这方面的潜质。"

这句话并没有说错，显示了他理性的自信。在刚上大学时，他就开始做一些小生意赚钱了。大学毕业后，就在很多人对互联网还很陌生的时候，张辉就建立了自己的一家电子商务网站，还得到了美国风投公司100万美元的投资。在当时来看，这不亚于一个天文数字。

张辉来到美国，在旧金山开设了自己的公司，身家也一下子涨到了一千万美金。后来又成立了第二家公司，还有上市的野心。但就在那一年，互联网泡沫破灭，巨大的失败让他遭遇了人生中第一次沉重的打击，身价一下子从几千万美元直落到了兜里只有几十块钱。

张辉说，他至今仍清楚地记得一个人坐在已经破产的公司的办公室，看着员工们一点点把家具搬空。他守着一盏小黄灯看天一点点亮起来，内心充满了复杂的情绪。但他并没有被失败击倒："我认为失败的教训是很好的财富，这能给予我更多思考的机会，让我不断去完善自己。真正伟大的斗士不仅仅是把对手击倒，而是被失败击倒后再勇敢地站起来。"

从这天起，在选择一件事情时，张辉都会表现得非常专注、有耐心，尽管周围的人都不相信他，但他仍然坚持。张辉笑着说，他时常会想，或许今天所做的一切明天就都没有了，但他一点也不害怕，因为他明白一个道理：想成功，就不能被失败打倒。两年后，他成功地度过了危机，再次崛起，成为华人商圈中非常知名的一位企业家。

有很多人在失败后会自暴自弃，患上轻重不一的自闭症。对于失败后产生的自闭的原因和表现形式，我们与现在学术界的主流观点相反——就像德拉格教授在一次研究会议中说的：

"我认为人的自闭行为并非由于认知的缺陷和失败的打击，而是可以改进的问题。自闭者其实不但拥有很高的智商，而且理解能力超强，仿佛是过于聪明和看透一切了。他们在失败面前多愁善感，又具备十分敏锐的观察力，从而犹豫不决。所以，他们不但常被自己的挫折情绪淹没，也极易被他人的失败感染，使自己的挫折感更加严重。"

我们在最近的十年中接触到了无数遇到"失败障碍"的人群，他们来自世界各地，有美国人，加拿大人，中国人，东南亚人，还有欧洲人。这些人共同的一个感觉就是——"失败后特别想逃离这个世界。"而不是迫切希望东山再起，从失败中总结经验和教训。但在我看来，他们并不是真正的自闭症，而是被暂时的失败吓怕了。

这一情况现在影响着全球百分之一的人群，他们当然不想这样，很想改进，其实也并不缺乏对成功的渴望和对于失败经历的反思，虽然他们的内心十分矛盾。这些人只是在生活和工作中经历的困难和一些童年经验，让他们觉得"重新上路"是一件无法承受的事情。

面对挫折，人们通常的反应是什么？

波尔居住在费城，他是一个大高个，身高接近1.9米的年轻人。他还有着一双深蓝色的眼睛和一头浅棕色的头发，是一位典型的帅哥。如果只看他的外在形象，我相信有不少女孩第一时间就被他迷住。但事实呢？

事实是一次很小的失败经历打倒了他。波尔说："我在小时候是一个什么都想知道的家伙，十分活泼，就像正常人一样成长。直到我得了一次眼疾，当时我只有15岁。我在医院住了半年多，出院后我感觉自己的眼睛总是有问题，不是疼痛，就是看不清东西。从那以后，我的生活发生了逆转，之前我无比自信，之后我对任何事都缺乏兴趣，也没有尝试的信心，我总觉得人们都在盯着我的眼睛，想从中找出一点毛病来。"

波尔从此变得沉默寡言，他与同学和朋友的交流明显变少了。他不再是游戏的中坚分子，也离开了篮球场和足球场。同时，他的学业也一落千丈，有段时间他甚至是全班最差的学生之一。大学毕业后，波尔在家待了一年半，哪儿也不想去，他最喜欢的事情就是躲在沙发后面，一个人安静地坐着，拿一本书，或者拿着一张儿时的相片，对着窗外，默默地想一些事情。

我问他："那时候你想些什么呢？"

波尔说："我也不知道，我的大脑一团乱麻，总之胡思乱想吧。我们现在没事干的时候不都是这样的吗？"

波尔就差与世界永别了——他差点自杀。而且，他关闭了心灵的房门，成了一个自闭的年轻人。这对他人生的打击是沉重的。他的父母无能为力，只好不负责任地对他置之不理。在他选择大学、选择朋友、选择未来事业、甚至挑选什么类型的女朋友时，没有任何可以参考的观点——他也拒绝了潜在的帮助。

现在呢？波尔现在每天都在洗车房度过。他是费城地区最帅的洗车工，还有人拍了照片传到社交网站，告诉人们某个地方有一名洗车工人长得十分帅气。然后老板表扬了他，宣布给他增长工资，因为洗车房的生意因为他的出名而日益红火。

这个案例启发是什么？一次小小挫折的打击，后果竟然如此严重？关键的问题是，如果你像波尔一样选择在失败后逃离，放弃对自己的责任，你就等于同时放弃了世界对你的帮助。你还能东山再起吗？还能重新拥有雄厚的人生资本吗？

也许还会碰到这样的机遇，但你已经丧失了勇气，只能与之擦肩而过了。因为你已经失去了把握机遇的能力，也丧失掉了积极和阳光的心态。从此以后，你将活在冰冷的世界之中，永远都与黑暗相伴。

为此，我奉劝你需要格外警惕那些生活中突如其来的"不幸事件"。它们随时可能跳到你的生活中，丝毫不给你预警的时间，也不考虑你的感受。但重要的是，你用什么样的态度对待失败，有多大勇气从失败的污染中重新站起来！

失败就是这么不讲理，它们生来的目的就是打击我们生活的信心，推远你与他人的距离，并让你从此坠入黑暗。你必须时刻为自己培养愉快的心情，避免忧虑，也拒绝担心——因为这些与恐惧有关的东西只会减少你的生命资源，让你与世界之间砌起一堵铜墙铁壁。

意志力是什么——意志力就是我的生活我做主！

"我的生活我做主！"这句话也是广州女孩小梅最喜欢说的一句话。她和波尔一样，在自己的过去经历了失败的考验，也遇到过一些不幸的打击。但幸运的是，她没有选择逃离，而是迎面而上。她把人生的每一次失败都视作是一场休整期，为的是帮她认清方向，鼓足更加强大的力量，从而以更有力的姿态站起来，让自己比过去做得更好！

小梅的母亲在她3岁时就去世了，这是第一次重大打击。任何一个人在只有三四岁时，失去母亲，都会留下极为深重的阴影。她迎来了自己新的妈妈，但两人的关系并不融洽。所以，她的父亲做出了一个更加残酷的决定，找一个机会准备把她送人。

对于第二次更加严重的打击，小梅选择了抗争。当时她只有五岁。她简单收拾了一下自己的小书包，就在早晨五点多的时候离家出走了。她去了自己的爷爷家，在乡下待了七八年，然后直到高中才开始了自己真正的独立生活。

在这几年充满人生的失败痛苦和心理挫折的生活中，小梅并没有掉进自闭或者消极的困境中。相反，她交到了许多朋友，也认清了自己的人生方向。她开始走上发奋图强的道路，并且遇到了自己未来的老公。两个人感情相投，志趣一样，大学毕业后一起做起了生意，现在情况很好。

谈到现在的生活，小梅说："我是相信命运的，但我的命运法则是，如果命运要让我失败，我就勇敢地拒绝它！命运必须由我们自己创造，由我们自己奋斗。我感谢生命中遇到的那些失败，那些不堪回首的过去，它们让我变得更加坚强。"

就像小梅的经历所启示的，当一个人决定完全由自己做主时，你就把握了自己的命运，事实就是如此。当一个人不惧怕失败的打击时，他就获得了走向成功的钥匙。

当然，在面对可能出现的失败时，你还需要明白两个问题：

1. **"失败后，我有没有东山再起的资本？"**

这是非常关键的问题。失败并不重要，也不可怕，但可怕的是你没有战胜失败的资本。你要很早就判断和决定未来自己选择什么职业，拥有什么能力。然后你要努力提升自己的知识能力，积累自己的资源，这些是你在面对失败时非常重要的武器。你要知道，失败后你没有太多的时间，也没有机会临阵磨枪，只有平时准备好，才能临阵不乱。

2. **"我以什么样的心态面对失败？"**

这是有关于心态的，决定了你会选择什么类型的方式，以及与哪些人（成功者还是失败者）共同面对失败。但是，无论你如何决定，心态好都是你的人生中无法抹掉的财富，也是你值得珍藏的宝贵兵器。只要你试图对生活一直保持积极的态度，你就必须拥有积极的心态。这两项要求是长期的，并不是我们短暂的需要。因此我希望更多的人应该学习小梅，而不是波尔。我们要像小梅一样坚强，并且懂得随机应变和尽己所能积极地想办法，去改造现实，而不是逃避失败的现实。

我们每个人都知道，保持愉快和积极的状态对于自己的人生是有多么重要的意义。然而，正如上面所讲，以前我们偶尔感受到并且看到的，并不是每一个人都能以好心情来度过他们的每一天，也不能总有积极的状态来应对暂时的挫折。人们总会碰到不愉快的事情，或者是这样的，或者是那样的，总有一些不愉快的灰色事件填充你的生活、工作和情感世界，来破坏你的心情，影响你的人生品质。

但重要的是——

重要的不是我们遇到了失败，而是如何应对失败！

从现在起，你需要为自己建立一间防止失败的消极意识渗入的防火墙，保证它们很难攻破你的思想防线。你要学习控制命运，成为自己人生的主人，握住方向盘。你要不害怕任何失败的打击，始终对准正确的人生方向，向前加速前进而不是以失败之名停止。

在反思后更加"贪心"

前阵子，有一位客户从普林斯顿跑到了洛杉矶，特意抽了一天时间跟我聊天。这位客户聊到了他最近的一些情况：年初的时候，他的事业还如日冲天，但现在却有些消沉。生意不佳，和朋友的关系不睦，和妻子也出现了一些问题。

他低沉地说："我经过了一段时间的反省，试图找到问题，但我发现自己现在意志更加消沉了，不知道如何是好。"

我给他的建议是什么？是让他看看巴菲特平时都是怎么操作股票的。往往在人们最泄气的时候，恰恰机遇就已经走过来了。这时候如果能振作士气，重新贪心起来，将比平时有更大的可能成功。

有钱的人为什么有钱——原因是他们在最低谷的时候，仍然保持自己的贪心和自信。

成功的人为什么成功呢——原因就是当他们还没有成功的时候，就已经拥有了强大的心态，他们早早就把自己的心态调整到了"我即将取得成功"的阶段。

因此，当你现在感觉自己非常难过时，当你遭到了失败和反思后的困惑时，你一定要学习那些成功者——在最低谷的阶段，就迅速站起来。这时候，不妨让自己变得贪心一点，才能更快地度过这一特殊时期。

贪心当然是一种欲望，我们人人都应该控制欲望。但在控制欲望的同时，我们还应该明白，有一些"野心"是必须得到满足的，不能完全消除内在的欲望。因为我们的欲望是多方面的，也是多层次的，应该尽可能地满足正当的和高层次的欲望追求，以期能够不断地完善自我。

有一位居住在华盛顿的年轻人，他刚从大学毕业，想发展自己的事业，充满干劲，这是很好的野心。但一开始就经历了一场失败，对自己的志向产生了怀疑。他觉得越反思，就越感觉自己能力很差。那么，他应如何去做？我对他提了一个建议："在3周内，找到你的第一份工作。"一个礼拜以后，他就打来电话向我汇报："嘿，周老师，我现在上班了。"

"恭喜呀，你找到的是什么工作呢？"

他回答说："我找的是一家财务公司的记账员，不是很好。"

我说："停，现在不要对我评价这份工作的优劣，再过两周，我们再通电话。"

两周后，他又一次打来电话，对我说："周老师，我明白了。现在我很冷静，知道自己想要什么了。"

这是一个积极的正面的例子。这位年轻人虽然经历了失败，有了不愉快的反思，压抑了自己的不当欲望，但在我的提醒下，最后成功地释放了积极的野心。他在新找的一份工作中感受到了积累和过渡的重要性，然后逐渐找回了自信。

与此同时，我们每个人都要让内在的贪心朝着有利于自我发展的轨迹运行，而且在每时每刻都须以某些健康的强大的原则来约束自己，以正常的生活方式来规范自己。比如，你不能为了获得工作的突破而伤害身体，通宵达旦地熬夜冲刺并不是我鼓励的。你不能约束自己的娱乐需求，当然也不能消灭自己在工作中表现自己的欲望。

我们也知道，贪心对人们利弊参半，关键看你如何适应和利用它。在天使与魔鬼之间游荡的，是人的天性，只有具备了理性的力量，我们才能从容地驾驭和控制各种各样的贪心。

2007年，我们联合一家调查机构抽样了几百名各行各业的在职人士，然后对他们进行了一个有趣的调查。问题是："为了让你在职场中脱颖而出，你觉得下面哪三项最为关键呢？"

我们同时给出了一份选项清单，例如"自我管理""人际沟通""积极的态度""激发内心的欲望"等。我们让被调查对象根据自己的意愿选择出认为最重要的几项。

最后的调查结果显示，在职场新人给出的答案中，最多的人选择了"人际沟通"；但在职场老人的答案中，排名第一的则是"激发内心的欲望"。他们认为在工作中最重要的就是欲望，而欲望就是激情，除此之外，其他因素都不是最关键的。

由此可见，只有经历了长时间工作的人，才能逐渐体会到野心和激情的重要性。我们很难说这个答案是否绝对正确，或者说哪种选择是错误的。但结果也显而易见，每个人都应使自己富有野心和激情，在工作中不能削减自己的贪心。事实就是——决定我们能否做好一项事业的长期条件中，最重要的经常是一些宝贵的品质，比如贪心和信心，而不是你这个人的能力到底怎样。

选择一个好平台：让自己站在巨人的肩膀上

物理学家牛顿说过一句流传千世的话："如果说我比别人看得更远些，那是因为我站在了巨人的肩膀上。"我们当然了解这句话的含义，因为人类文明金字塔正是这样一代一代垒起来的，每个后来者都要依靠前人的努力，站在他们创造的成绩上去追求更高的高度。

不过，一个问题也同时产生了："站得高看得远，是有多远呢？"我的答案是：你能看多远，取决于你站在了多高的肩膀上！

有好的平台，也需要自己有好的判断力

我们都知道巴菲特，他堪称是世界上第一位靠证券投资成为拥有几百亿美元资产的富豪，也是一位伟大的商业天才。在过去的几十年中，他执掌的哈撒维公司每股的账面价值从十几美元上升到了几万美元，年复合增长率高达24%。而且，我们也都知道巴菲特的价值投资观点，是得益于他的导师格雷厄姆。

换句话说，巴菲特就是站在了巨人的肩膀上，有了好的平台，才取得了卓越的成功。对此，巴菲特说："我承认，我把自己视为来证明格雷厄姆思想价值的样板；我也会成为格雷厄姆思想以及实际运用的传播者。"但前提，巴菲特用自

己的实践证明，价值投资理念是正确和可操作的。这首先源于他高明的判断力，而不是这个平台有多伟大。

可遇不可求的平台：一家好公司和一位好上司

对于一个个体来说，最好的平台是什么呢？当然是同时遇到一家好的公司和一位好的上司。这会让我们从中终生受益。但是，理想与现实总有一些误区，人们在工作中实际的感受是什么？

凯莉谈到了他曾经的心路历程："在年轻时，我认为老板会对你贴心贴背，关怀备至，就像一个兄长？我们期待在第一份工作中就得到上司兄长般的关怀。但现在我显然已经过了那个年纪了，所以我目前的认识是，我宁愿对自己保持忠诚，也不要依赖一位根本不把你当回事的上司。"

我很喜欢她的观点。这反映了遇到一个好上司是如此困难，同时这也是对于所有年轻人的忠告：不要靠一个梦幻泡影似的理想中的工作来满足你自己，也不要老是对自己的上司心怀幻想，而要首先确定自己的价值。因为只有你自己强大起来，才能赢得人们的尊重，当然也包括你的上司。只有自己强大了，好公司和好上司才能主动找上门来，真正地重视你，给予你理想中的回报。

我也发现，现在很多年轻人对此有很多的困惑，他们缺乏帮助，不管是公司还是上司的。要努力地成为最好的自己，当然就得严肃地对待这一选择。

好公司和好上司——应该站在谁的肩膀上？

你是选择一家好公司，还是一位好上司呢？

凯莉评价说："对于任何阶层的人来说，鱼和熊掌都是难以兼得的。喜欢好公司的人，他们进了一家好公司，却发现上司的风格不是自己喜欢的，甚至上司简直令他痛恨。"

也就是说，世事无常。可能突然跳出一个坏的上司，无情地毁掉了有些人的"在大公司工作"的梦想；而有的人，他们幸运地遇到了一位好的领导，但同时公司的环境却很差，随时都有倒闭之忧。世上总是没有两全其美的好事。

不论从哪个角度看，似乎都没有非常具有说服力的答案。但在我看来，有一个事实是不容忽略的——我们的身边并没有那么多的好公司可供你选择。也就是说，多数单位其实都是十分普通的。不会有太多人可以找到一家好公司，这不具有普遍性。第一份工作进入一家烂公司的可能性是最大的，这倒是多数年轻人共同的心声。

因此，为自己找一个好的老板往往是最重要的。但有人担心说，烂公司里的好上司又经常绊住我们寻求更高平台的脚步。

凯莉对我讲了他以前一位同事耶芬妮的例子。耶芬妮是来自墨西哥的移民，她的梦想就是去罗杰斯的公司工作——傲立于全球的投资帝国。她信誓旦旦地说："如果我能进入这样的公司，我可以当成一份终身职业来对待它。我就不需要再看人脸色（她是指苛刻的上司），我不再需要上司的提携来为自己未来的发展提供资质证明。"

但她最后大错特错了。耶芬妮没能进入罗杰斯的公司，而是很不幸地被蜗居在一座小镇上的为证券交易所提供数据收集的小公司聘用了。但在这里，她遇到了一位特别好的老板，帮助她重新树立了信心，并改变了她看待工作的价值观，拓宽了她的视野。

事情发展到最后，耶芬妮有点舍不得这位上司了——当一份更好的邀约摆在面前时，她的内心充满了矛盾："我是该辞职，去更高的平台发展，还是继续留在这里，和这位难得一遇的老板共事呢？"

这件事绝对没有标准答案，因为一个人每个选择所面临的真实境况并不是别人能够体会到的。工作和人生一样，从来没有什么标准的备选回答。别人无法给他方向，他的每个选择都是现实和理想的博弈、理智与情感的较量的结果。

凯莉评价说："重要的是他遇到了一位可贵的上司，获得了提升，相比之下，接下来如何选择是微不足道的，我们都需要先为自己找到一位工作中的好的榜样，这是最好的平台。"

建议一、必须接受的现实：进入好平台非常困难

当你刚开始工作时，如果你的实力不是够强大，进入普遍意义上的好公司的几率是非常渺茫的。这一点我们已论述得非常清楚。

我的朋友德拉格虽然是一位著名的心理学家，同时还是研究工作心理学的经验丰富的咨询顾问，在全美拥有较高的知名度，也曾有过被大公司拒绝的经历——次数还不少。他以前很想为国际管理集团工作，但被无情地退回简历。

建议二、采取务实路线：努力寻找潜力巨大的中层平台

你看，我们多数人都是非名牌大学毕业、没有任何背景。那么，你的事业目标就应该走务实路线，到一家可以正常运转的中小企业，然后为自己寻找一位好的上司。后者需要运气，不是谁都有幸碰到一位愿意提携你的老板，但至少——这个方向是没错的。

塑造强者的品格：像成功者一样去做事

强者又有什么品格呢？我们应该学习的强者，他首先是一位真正优秀的合作者，也是值得我们付出全部来与之共事的。他们可以承担责任并且为共同的事业提供价值的"增值"；他们还可以与我们一起减轻风险，增强抵御外界危险因素的能力；他们也可以帮助我们吸引、留住优秀的人才，建设你的核心价值观，并形成一些高水平的道德准则。

你要向他们一样，拥有广阔的视野，而不是像弱者一样，只看到自己的那条小路，不管他人的死活。

我的朋友——华尔街一家基金公司的创始人艾琳不但精于投资有潜力的企业，而且对于那些成功企业管理者的研究相当到位。她说，自己经常询问自己："从他们身上，我都学到哪些东西呢？"

在自己公司的管理中，她也特别希望自己的团队不要只关心如何提升自己，也要去学习那些成功者——从工作到私生活的品质，都要逐一研究，学习他们的优点，然后反过来针对性地提升自己的能力。

如果你在向强者学习的过程中，发现有些人并不适合作为你的榜样，而且他总是给你带来烦恼，那么你根本不值得在这种人身上浪费自己的宝贵时光，果断地走开才是正确之举。因此，你要小心选择自己的学习对象，要让自己成为真正的强者。

这也决定了我们对于自己的合作对象的选择——对于合作对象（朋友）的品格要仔细了解，特别是那些模糊不清及异常的经历。我们对于这些容易产生隐患的细节不要放过，否则随着时间的流逝和合作的进行，你会发现，自己身处的环境已经遍布痛苦了，因为他们身上的那些缺点已经开始影响到你。

马化腾一直以来是作风低调的人，但他也曾向公众坦露过自己年轻时的经历。他说："毕业时，我曾经想过在路边摆摊为人组装电脑，最终踏实找工作，在大公司一做就是多年。"而其他的三个人则是继续读书和考研，毕业后也都先去企业学习锻炼了很多年。然后，他们走在一起，带着共同的理想做一些事情。

总结这段经历，他们一致认为，这一个前期的积累是无法跨越也是必要的，同时好的合作伙伴也是在这时候结识并建立深厚战斗友谊的。

最后马化腾说："我当时找工作时是不看工资多少的，只要喜欢、学有所用就很高兴了。"像他这样的成功者，身上往往都有类似的宝贵品格。

这正是我向人们推荐的工作态度：

先打基础再赚钱——打基础的时候，不要看能赚多少钱，而是看能不能学到东西。

品格决定收获——当你有了好的品格时，就会拥有好的收获。

马化腾正是这样的人。很多年后，他重新遇到了张志东，更巧的是，他发现两个人都在做与网络寻呼有关的业务。接下来，他们顺理成章地开始了深入的合作，也在接触和协作中不断地碰撞出灵感与火花，才有了今天大获成功的腾讯公司。

我们做事业并不是只有赚到了大钱才算成功，而是能和一些彼此信任的靠谱的家伙一起打造一个共同做事的平台，来实现自我价值。在这个舞台上，大家都能发挥个人所长，施展自身才华，并且形成互补，这显然更重要。

因此，任何一位伟大的成功者，他在自己擅长的领域、从事的行业内，都能够展现出自己卓越的品格，并以此来吸引更多的成功者。他的身上可以体现出一种不容拒绝的力量，使大量的优秀人才主动来到他的身边，一起实现共同的目标。

假如你也拥有这样的强者品格，你也会像他们那样，使自己具备极高的人格魅力。这时，你将从根本上摆脱和抹除"不敢拒绝"的痕迹，彻底地战胜内心的恐惧！

树立我们非凡的志向，拥有拒绝的能力

在去年的一次咨询活动结束时，我对前来进行集体培训的GE公司的30名中层管理者说："不管你是什么职位，处于人生的哪一个阶段，或是已取得了多大的成就，你都要知道理想的重要，你仍然要誓不罢休地去追求自己的理想，才能完成自己的人生，告别对未知的畏惧，以保持积极进取的状态。"

这句话就告诉了人们志向的重要性。我们所遇到的不论多么重要的人——在和他们交流、沟通、协作之时，他们能给你的最宝贵的东西，无一例外都是志向，而且是非凡的志向。志向即我们内心的渴望，只有强烈的渴望，才是人生最强大的力量。

任何书本和榜样能做的就是告诉你——你可以激活它，让自己拥有它；你可以拒绝任何人，拒绝任何事物，唯独不能拒绝志向，不能浇灭内心理想的火苗！非但如此，你还要主动地、想尽一切办法来点燃它，为它添柴加薪，让它越烧越旺，成为自己人生的发动机！

我们获得人生幸福的方法因人而异，这取决于我们拥有多少拒绝的能力。但我不能千篇一律地告诉你如何做。所有的成功和失败都取决于自己。首先，你必须树立信心，立下志愿。信心是一切美好的开端，而渴望则是一切成功的基础。其次，你还要在本书中根据自己的需要去总结需要的知识，对此我也无能为力，完全取决于你自己。

从根本上来说，如果我们没有强烈的愿望，就找不到有效的方法，自然就会比别人离成功远一些。这很重要。只有这样，志愿才能成为目标的起点，铸造你的成功。我们在社会竞争中通常都具有同等的能力，处在同一种环境中，拥有相同的条件，做出的努力有时也是相同的，但结果却大相径庭，有的人能够成功，有的人却以失败告终。

其中的差别是什么呢？不少人会拿运气来说事，但在我看来，其中主要的差距就在于人们不同的愿望、大小不一的目标和强弱有别的渴望。

问题一：如何明白自己真正想要的是什么呢？

这当然是一个宏大的问题，我告诉求教者，对此也没有标准的答案。因为任何人都是独一无二的自己，别人无法完全看透他。只有你自己才能真正了解你，为此你需要一面镜子，开启对自我的探索之旅。

人们想要的东西总是不同的。比如有的人想要钱，除了钱他什么都不喜欢；有的人想要权，他享受拥有权力的感觉；有的人想要名，出名让他感觉很美；还有的人想要平淡，一间书房，一张藤椅，他就满足了。

然而，我还要告诉你——

（1）这些可视的东西其实都不是目的，它们是达成目的的手段。

（2）有了这些东西，我们收获的只是一些表层的满足的感觉。

真正的志向是藏在心里的，它们不是浅薄的欲望，而是对人生价值观的总结，是无形的，不可视的，也是我们经营人生，去社交，去学习和奋战的根本动力。发现它，挖掘它，这并不容易，但仍然有迹可寻。我们要努力将它列出来，进行总结和分析。这就是一场关于"志向"的非凡的探索之旅。

问题二：找到并且树立志向，有什么特殊的技巧吗？

为了实现这样的目标，最简单的方法并不是去上培训班，也不是去阅读多么深奥的理论书籍，而是坐下来，找张纸，把自己的目标列出来。你不要在脑子里想，要拿一些纸来写，用一支笔慢慢地写。不管有多少，全部排列到纸上。

然后问自己："它们可以给我带来什么？实现这些，能给我带来什么感觉呢？"

找到这些深层的感觉，把它写出来，这就是你的本质的欲望，是你这一生在寻找的东西，也是你获得满足的"战利品"。有的人生意做得很好，有很多钱，名利双收，十分风头，但活得却不快乐，就是因为他没有获得这种可以令他满足的"战利品"，他没有得到自己真正想要的东西。

它以精神体验的方式存在，就像某种价值观，没有办法可视，也不能当作商品买卖。但它却是人们追求和珍视的东西，比世界上任何财富都昂贵。至于车子、房子、事业等，都不过是一些工具性的价值，是表面的东西，而它背后带来的精神体验，才是实质价值。

它可以是被人们尊重的感觉，可以是充实感、成就感、安全感、幸福感、喜悦感，甚至是许多说不清、道不明的感觉，都可视为这种价值，令我们穷尽一生去追求。有谁能给你这种感觉呢？没有人。别人可以给你指明方向，但最终还是需要你自己去追求和体验。每个人都要完全承担自己的人生使命，不可能假手他人。

如果你找出了自己真正需要的东西，发现自己最重视的是什么，同时你也就知道了自己想要实现的价值，也就拥有了拒绝的资本和判断的依据。而且，你还能知道自己重视的价值里面，哪一些是排在前面的，哪一些是排在后面的。你能对此列出一个详细的清单，结合自身的情况——能力、兴趣、社交特点和朋友质量——做出某些切实可行的计划。

最重要的是实现我们的志向

在生活和工作的实践中，最难的地方不在于发现和定位，也不在于如何制订计划，而是你如何去引导和实现这些目标，以使自己的欲望得到满足。比如，你在某一天特别想吃一顿美餐，这是你的欲望。但如果有一个人请你去饭店吃，花大钱请你吃饭，你却未必喜欢。为什么呢？事实上，你可能既喜欢吃美餐，又享受亲手下厨的过程。

因此，我们知道欲望是什么，在哪里，只是一个方面。选择适当的方式去满足它，则是另一个方面了。而且往往后者才是最为关键的环节。

这个话题延伸开来，我们会明白许多额外的道理。比如，成功的结果和成功的过程也是一样。还有结婚，结婚是每个人都渴望的，成家立业，娶妻生子，这是人类的本能，没有谁可以拒绝。但是上帝把一位漂亮的妻子直接送到你的身边，你牵着她的手，就可以过日子了。你乐意吗？超过90%的人会毫不犹豫地拒绝，因为人们追求的并不仅是一个事实婚姻，而是从恋爱到结婚的过程。

对于成功而言，我们必须体验到整个过程，目标对他才是有意义的，否则就毫无价值。所以，对于任何试图直接强加以结果的东西，我们都是要毫不犹豫地拒绝的。

摆脱恐惧——不要拒绝任何美好的东西

最后，任何事情做起来都会有一定的难度。我们不可能生来具备"不会犯错"的本领，从小时候到现在长大成人，我们认识的每个人都在通过言传身教展示一些实现目标的不同方法。他们既有人成功了，也有人失败。后者通常是大多数。这令我们恐惧，得到消极的力量，收获负面的经验。

恐惧也有一个好处，就是让我们对快乐更加珍惜。有多少人恐惧，就有多少人倍加渴望快乐，也更加珍惜那些可以让我们摆脱恐惧的人。一个好的朋友，一个好的同事，一个好的上司和其他的亲密关系，他们都具备这样的能力，他们可以帮助我们。

有些到我这儿进行咨询的年轻人，他们一周后就摆脱了自己工作心理方面的问题；还有些只身来到华盛顿发展的华人，学习到了拒绝诱惑的方法，不久之后就反馈说，他们在工作中变得更加成熟了。

这都是事实，类似的事情也总是每天在发生。人们通过各种手段成熟起来。但在我们提升自己的过程中，如果你真的没有找到拒绝的勇气，没有战胜内心的恐惧。或许在很长的时期内，你都痛苦地发现自己缺乏这方面的资本，你也不要放过任何进行新一轮尝试的机会。我们必须勇敢地接受挑战，尝试去做任何一种事情。我们要在这个过程中强化自己的意志，释放自己的价值，让那些能够帮助我们的人看到。

从今天起——做你必须做的事

1.去做你必须做的事

有时候，你会发现某件事并非因为自己喜欢去做，而是必须去做。我们总是遇到这种需要强制自己的情况，在困倦的时候强打精神，在不喜欢的时候克制退意，在不擅长的时候努力学习。这是赢得尊重的方法，也是帮助我们拥有实质价值的必要之途。只有可以将必须做的事情完成很好的人，才是真正有能力的人。

2.允许和原谅自己的失败

你可以拒绝一切，但你不能拒绝失败。在提升自己的过程中，我们应该允许自己经常失败。不要害怕出丑，也不要惧怕嘲笑。你必须丢弃那些虚无的自尊和所谓的面子，坦然地面对失败，总结经验再次来过，争取一次比一次做得更好。不断地给自己鼓起重新再来、继续冲刺的勇气。

3.保证方向是正确的

只要方向是对的，你要做的就是积极地尝试，直到找到自己内心真正的热爱，确立自己一生为之努力的梦想。我们要给自己时间，不要着急；要保持对梦想持续的热爱与热情。在漫长的岁月中，这才是人生最难的、最有价值的部分。而且，这比获得某些具体的能力更为重要。

100 个方法让你轻松拥有完美性格

1.参加社交活动

多去参加公众活动和社交俱乐部，邀请朋友加入你的聚会，通过增强交流，让自己拥有越来越强的表达勇气。

2.说话训练

每周安排半小时，自己在家进行说话训练。可以对着镜子进行练习，方法是假设镜子是你最讨厌或最崇拜的人，练习如何与这两种角色进行沟通。

3.多与陌生人沟通

多寻找有陌生人参与沟通的机会，和他们进行交流，尝试了解他们的想法，然后看看是否有共同点。

4.冥想训练

每天睡前抽出10分钟进行冥想，这非常重要。你可以想象自己已经完成了目标，也可以想象一些美好的画面，这可以增强你的信心和乐观精神。

5.每天总结

每天对自己的生活和工作进行总结，要把好的和坏的都写出来，然后重温一遍，看看有没有更好的解决办法。

6.等5秒再开口

在自己想发怒时，先等5秒钟再开口。如果还是不能控制愤怒，那么再等10秒钟。如此类推下去，直到怒气消失。

7.确立自己的底线

为自己确立几条不容后退的底线，并让它成为自己的人生原则，这可以让你更加果断。不至于临时想办法，以至于丧失自己的原则。

8.先问一句"为什么"

在听到不合理要求时，不要着急回答，先问"为什么"，请对方解释，然后再决定如何回答。这时你会发现，自己已经产生了拒绝的勇气。

9.每天体育锻炼

可以是跑步，也可以是爬楼梯。健身运动能提升自己的精神状态，增加身体活动，保证有一个积极的精神状态，并进行积极和主动的思考。经常锻炼的人很少逃避问题，也很少委曲求全。

10.牢记自己的目标

不论是大目标还是小目标，都要把它记清楚，始终朝着目标前进，这能让你的生活和工作拥有足够的方向感。

11. 不能寄望奇迹

成功不能指望运气。运气能帮你一次，帮不了你第二次、第三次。成功不在于你有多少资本，而在于你如何运用这些资本。因此，成功依靠的是努力，是智力，也是对长期工作效果的考验。

12.如果事情无法改变，先改变自己

每个人都要展现自己的不凡，去和命运抗争！但如果事情无法改变，那就改变自己。改变了自己，就改变了眼界，发现了新的角度，找到了新的出口。

13.尊严比富贵重要

富贵是动态的，今天可以是世界首富，明天就可能变成穷光蛋。只有尊严永远不变。人要首先活出尊严，其次才是活出你的地位和成就。

14.必须体验痛苦

痛苦不是一件坏事，要成长就要经历痛苦。因此，不要害怕失败，要从失败中总结教训，体验其中的酸甜苦辣。

15.提高综合素质

现在是比拼综合素质的时代。什么是综合素质？就是智力、知识、觉悟和意志力的结合。

16.知道自己去哪儿

最重要的永远都是——知道自己去往何方。

17.再努力一会

想得到一样东西，不但需要勇气，还需要坚持。有时候，不是你没有办法做成一件事，而是你放弃得太早了。如果再坚持一会，你会看到不一样的结果。

18.环境的作用

环境对人的影响很大。就像一粒种子，它必须放到肥沃的土壤才能生根发芽。好的环境成就好的结果，坏的环境则让人走向歧途。

19.懂得如何避开问题

底线思维的一大原则就是，你必须懂得如何避开问题，这比知道怎样解决问题更重要，更宝贵。因此，最后的胜出者总是善于预防风险的人，而不是精于战胜问题的人。

20.建立情绪的底线

你要控制自己的情绪，不要让情绪控制你的行动。人和人之间的差别，有时就在于情绪的控制。你要让自己变得平和、从容与淡定，而不是愤怒、冲动和盲目。你要让心灵来启迪智慧，而不是让耳朵来支配你的心灵。

21.至少有一个备用方案

要建立底线思维，就得讲究预案，更讲究备案。顺利的时候想到不利，不利的时候准备好退路，现行方案行不通时，就要及时拿出备用方案。拥有备案思维，可以让你在工作和生活中不论遇到什么突发情况，都能从容应对。

22.信念决定结果

你有什么信念，就有什么态度；有什么样的态度，就会有什么样的作为；有什么样的作为，就产生什么样的结果。因此，要想取得一个好的结果，就必须建立好的信念。

23.纠正不良习惯

不良习惯如果不进行纠正，就会融入你的本能，产生不良惯性。它将改变你的人生走向，铸成错误的行为模式。现实中，人们往往难以改变习惯，因为造就习惯的是他自己。所以，失败者其实是不良习惯的奴隶，只有挣开习惯的枷锁，才能形成新的思维。

24.方向如果错了，一切都错

假如你的方向错了，那么你越是努力，错误就越大。在埋头工作时，一定要抬头看看你正朝什么方向走去。方向如果不对，再多的努力都白费。

25.重要的是不迷失自己

对人生而言，重要的不是你现在所站的位置，而是你有没有迷失自己。一个人只要有清醒的自我定位，就不会失去自己的方向。

26.前瞻的决断力

只有决断力还是不够的，要想争取主动，就必须占据未来的优势。这决定了我们必须拥有前瞻性，要对未来有良好的判断，并且做出迅速的决策。

27.提出问题很重要

大胆地提出问题，看到问题，这远比解决问题难，也比解决问题重要。因为解决问题只是技术性的，而提出问题才是革命性的，是决定性的。所以，预先发现问题的能力才是我们应该优先具备的。能够发现和提出问题的人才有资格担任领导者，只能解决问题的人则是优秀的下属。

28.只有你自己才能杀死你

唯一能够限制你的，就是你自己的头脑。你的外部世界，永远是你内心世界的映射。只有你自己才能杀死你，外部的任何力量都不可以。明白这一点，你就知道了一条真理：只要自己强大，你就能成功；反之，如果你很虚弱，那么你一定失败。

29.没有做不到，只有想不到

在这个世界上，没有人类做不到的事情——除非是炸掉地球。就像没有比脚更长的路，没有比人更高的山。只有想不到的人，也只有不敢想的人。阻挡你前进的不是外面的困难，而是你内心的怯弱。

30.享受做事的过程

不管发生了好事还是坏事，首先都要接受它，而不是逃避。要享受过程，不要只盯着结果。说白了，不要埋怨事情的本身，而要改变自己旧的观念。

31.改变你自己的心情

我们无法改变很多事情，但我们可以改变自己的每一次心情。心情改变了，看待事物的角度就不一样了，那时就会得出完全不同的观点。

32.让自己早跑一步

早跑一步就是事事想在前，行动跑在前。在别人不明白的时候你明白了，在别人明白的时候你已经行动了，在别人行动的时候你已经成功了。不管是思考还是行动，都要有先见之明。

33.偏见的思维比无知更可怕

偏见是什么呢？就是只想看到自己"想看到的东西"。这比无知更可怕，因为无知者可以学习，偏见者却拒绝学习。

34.不要欺骗自己，也不要欺骗别人

蒙上自己的眼睛，和蒙上别人的眼睛，结果是一样的。永远不要欺骗你自己，也不要去欺骗他人。因为你蒙住了自己的眼睛，不等于世界就漆黑一团了；你蒙住别人的眼睛，也不等于光明就属于你自己了。

35.知道放弃，才配得到

如果你想知道未来自己可以得到什么，就必须先明白现在应该放弃什么。你能放弃多少，将来就可以得到多少。

36.最差的时候，是最好的开始

在我们跌到人生最低谷时，恰恰是面临转折的最佳阶段。这时候你要做的不是抱怨和哭泣，而是积累能量，准备迎接即将到来的爬升。这时候你若自怨自艾，必将坐失良机。

37.不用管别人说什么

如果你的目标已定，就不用在乎别人的眼光和口水。我们无法堵住别人的嘴巴，但却能掌握自己的行动。

38.放弃意味着新的选择

如果抓住一件东西总是不舍得放手，那么你就只能拥有这一件东西。但如果你肯放手，则意味着同时获得了其他的机会。因此，在不得已需要放弃时，记住——这说明你有了新的选择，有了新的未来。

39.不要空想，不要务虚

只会空想的人，只能活在虚幻的困境中；只会务虚的人，一件实事也干不好。所以，要让自己成为一个务实的人，要脚踏实地把事情做好，成为实干家。

40.求证比拒绝重要

拒绝只是痛苦的开始，释疑才是快乐的开始。因此，拒绝固然可以，求证更加重要。当你遇到问题时，与其长时间地怀疑和拒绝，不如花较短的时间去求证结果，发现真相。

41.从现在开始改变

现在比过去重要，也比未来重要。我们要用灵魂撞击命运，用观念超越梦想，用底线铺垫未来。过去和将来做什么并不重要，现在做什么才重要。为改变以后的命运，先改变现在，从现在开始行动！

42.不要恐惧

你必须把全部的精力投注到自己想要的东西上，而不是总注意自己在恐惧什么！否则，恐惧一直都在，而且越来越强烈，直到最后把你击垮！

43.警惕自己的嫉妒之心

要以由衷的称赞来取代本能的嫉妒之心。无论这个人你是否认识，只要他（她）能够给予你激励或启发，你就要诚挚地感谢他们。如果这个朋友提供的是诤言，你就更要对这样的朋友说声谢谢。最好让它成为你的习惯，这样的话，以后不仅是你的事业前途，连你的人生观都将改写了。

44.接受别人的道谢

当别人真诚向你道谢时，坦然地接受，这样能减轻对方的心理压力。我们要看一个人在人际关系上的功力，就可以看看他是否愿意接受他人的道谢。那些在帮助别人后又拒绝谢意的人，其实反而会给人留下不容易接近、居高临下的负面印象。

45.必须在24小时回复所有的来电

学会把它养成一种习惯，从而能够确保你那条人际关系网络上的资讯畅通程度。

46.想好再开口

在拿起话筒之前，先思索一下待会儿要讲些什么。永远要记住，不论做什么事情，做好充分的准备总是没有错的。

47.主动请求帮助

如果你遇到了困难，记得主动去寻找别人的帮助。你要知道，其实大多数人都是乐于助人的，我们所处的是一个万物共存的社会，因此总会有让别人帮助你的时候，这个时候，不要不好意思，大胆地去寻求你的帮助吧。

48.立刻接受建议并做出改变

这代表着一个人的行动力。当别人对你提出一些建议的时候，你应当去立即执行或做出某些改变，而不是过几天再说。否则在三分钟热度之后，你就会忘到脑后，一切都将回到原点。

49.在无从选择时相信直觉

有的时候，我们得相信自己内心的直觉，而不是完全遵从理性。当你无从选择的时候，当你用尽一切办法也不能做出判断的时候，可以试着听一听你心灵的呐喊声，这样就会得到所要的答案。试着让你的"初心"去带领你，这样你就能够尽早地了解周围的一切事物，更能够做出你所认为正确的选择。

50.付出诚意和耐心

真诚和耐心是最贵重的品质。你要时刻地记住，在你的人际关系网上的每一个盟友，和他们关系的维系都需要你的诚意和耐心。你得靠这两种品质来提携你的盟友，从而能够使你们之间的关系更加稳定。同时，这也能够培植你自己的实力，营造一种"双赢"的局面。

51.学会倾听

学会倾听朋友对你的倾诉。能够成为朋友愿意向你倾诉的人，你就在他们心目中建立了很高的地位。学会倾听的艺术就是：一定要有足够的耐心，同时，要很好地为他们保守秘密。

52.尊重每一个不起眼的人

伟人与凡人的差别，就在于伟人可以去尊重每一个人，即便那个人是个流浪汉。所以要以敞开的胸襟面对每一个可能与任何人结缘的机会。

53.任何事都要避免单打独斗

学会把自己的生活、工作与人际关系成功地融为一体，让它们产生化学反应，形成联动。永远记住，在这个万物共存的世界，靠一个人单打独斗是绝对行不通的。做任何事，都要避免只投入你一个人的力量。

54.任何成功的前提都是——学会合作

一个人需要两小时才能做好的事情，两个人就只需要一个小时。从一开始就培养自己的团队协作能力，去聪明而高效地与自己的伙伴合作做事，这样就能帮助你缩短成功的时间，并有利于提高自己团队的管理能力。

55.盟友和敌人同时存在

不管干什么，你总能发现自己的盟友。当然，还有你最不希望看到的敌人。他们总是同时出现，并一直同你在一起。所以，处理同他们关系的能力是你必须学会的本领。

56.做可以看到结果的事情

假如一件事情是很难看到结果的，不要去做，因为这会使你陷入永无休止的期盼、冲刺、纠结和彷徨之中。越是没有结果，就越容易让我们在等待的过程中丧失信心，也找不到存在感。所以，即便是有一个可怕的结局，也比没有任何的结果要好。

57.谨慎有时是最大的缺点

谨慎有时是最大的优点，但有时也会成为最大的缺点，比如当你遇上重大的麻烦时，这时如果还是谨小慎微，缺乏勇气，不敢行动，那么麻烦就会演变成混乱，直到让你失去对局面的掌控力。

58.不被失败击倒

多数没有成功的人，没有太复杂的原因——他们被一两次的失败轻易地击倒了。你必须改变对失败的看法，它并不意味着你在一些事情上浪费掉了宝贵的时间和生命，而是告诉你某些经验是错的，让你在后面的尝试中回避这些错误，从而获得更好的效果。

59.和人交流时想好了再说

有两种交流是最令人感到厌烦的，第一种是从来不停下来想一想，第二种是从来不想停下来。如果没有想好就说，就会让人产生这种印象：说起来没完没了，但没一句说到了正题上。所以，不管你的谈话风格是怎样的，都不要让自己成为"废话先生"。

60.慎重对待你的承诺

从许下承诺开始，你就欠别人一个神圣的交代。我们的承诺未必都能保证做到，但一定要努力去做，尽最大的能力去兑现自己的每一个承诺。

61.成就越大，越要谦虚

越是有很高的成就，就越要像站在山脚下一样，去仰视别人，谦虚地对待不同的意见。你的成就不会因为谦虚的态度而被贬低，相反，却会让你在别人的眼中更加高大。在现实中，越是那些成就很低的人，越喜欢给自己树立一种高高在上的感觉，对别人居高临下，清高自负。这样的人，他们的人生恰恰是最失败的。

62.不要重复犯下同一种错误

每个人都会犯下过失，也无法避免过失。但是，真正懂得总结错误的人，从来不会重复犯下同一种错误。也就是说，在工作和生活中，只有在重复这些过失的时候，你才真正犯下了错误。这正是体现弱者与强者重大区别的重要细节。

63.学会沉默和尊重那些沉默的人

在与人发生争辩的时候，你才会发现，最高贵的品质永远属于那些沉默的人，而不是嗓门最大的家伙。最难辩倒的观点就是沉默，最难做到的就是"不争"。因此，如果你能拥有这种品质，并且尊重这样的人，你就提升了自己的人生境界，就能看透很多事情，修炼自己的心性。

64.明白自己的动力从哪里来

人生的动力往往来源于两种原因，第一是希望；第二是绝望。你是哪一种呢？对生活的希望和绝望，都可以催生出强大的奋斗动力。你要明确自己的动力，然后制定相应的人生规划。但请记住，当你决定用自己的努力来解决问题时，不要被绝望束缚了手脚，而要把它当作不停前进的理由。你要告诉自己：战胜绝望的唯一出路，就是找到人生的希望！

65.屈辱是一种财富，但取决于你怎么看待它

人生避免不了遭受一些屈辱，如何看待它，决定了你的命运。在受到羞辱或遇到挫折时，最好的办法就是忽视它。如果不能忽视它，你就藐视它。假如这两者你都做不到，那你就只能受辱了，也就很难获得成功。

66.不要做出愚蠢的决定

如何避免做出愚蠢的决定？你只要记住，多数愚蠢的行为都是在手脚或者嘴巴比大脑行动还快的时候产生的。所以，做事要"三思而行"，说话要"想好再说"。

67.不要高看自己目标的价值

因为当你真正实现和拥有它的时候，你才可能发现，原来它并不是自己想象的那么美好和富有价值。这表明，我们对于自己追求的任何事物，都需要拥有一颗平常心。你越是急迫地想成功，那么成功后——你的失落感就越强烈。

68.先做容易完成的事

这就像桌上有一堆苹果，它们有好有坏，你就应该先把好的吃完，并且把坏的扔掉。假如你先吃坏的，那么在痛苦于这些坏苹果的不佳味道时，好的也在这个过程中变坏了，你将永远吃不到好的。生活和工作也是这样，先从容易的事情做起，一步步积累自信，最后处理那些难度较高的事情，才能高效率地完成自己的计划，体验到登上高峰的感觉。

69.顶撞你的上司，试一下!

在确定你对时，假如上司企图证明他才是权威，而你对此又十分气愤时，明确说出你的反对："听着，老板，我的建议有不可否认的价值。"不要出于害怕遭到惩罚而将这股无名之火压在心底，试着采取温和的方式说出你的反对意见——你要确定上司不是那种喜欢暴跳如雷和报复下属的家伙。

70.无法拒绝时，白我解嘲

当你被坏情绪缠身，在怒气即将喷薄而出的时候，不妨试着对自己嘲解一番，幽自己一默。等到把自己逗笑了或者感到无奈的时候，你就会呈现"随他去吧"的心境，不知不觉中那些忧愁烦恼已经烟消云散了。

71.积极回应

遇到不公正的待遇时，责骂和暴力冲突都不是最好的解决方法。对于那些伤害了你的人，你要么对其置之不理，要么就冷静而认真地告诉对方你的感受，让他明白他的一些行为和言语对你造成了伤害。

在生活中，大多数人在受到委屈的时候会选择生闷气："我很生气，但我不说。"于是焦虑来了。或者找机会打击报复："我要报复你，让你也生气。"于是焦虑会升级、传染。然而，这些做法根本不能弥补自己受到的伤害。最好的解决方式是积极地面对和回应，让对方正视自己的行为，从而做出改正。

72.体谅别人，就是宽容自己

每个人都有自己的难处和思考角度，如果就同一个问题发生分歧，不要轻易生气，换角色思考，你可能就会体谅到他人的难处。

73.生气不超过三分钟

当我告诉别人"我可以做到生气不超过三分钟"的时候，总有人会觉得我肯定"余怒未消"，因为有的人生气起来需要占用最少一天的时间。

难道生气的情绪真的不可以在短时间内消除吗？事实证明这是可以做到的。当你生气的时候，换一个角度想一想：生气会让我生病；也许正中了他人的下怀；事情其实也没什么大不了的；他也不容易……如果你擅长让自己想通，你的情绪就会变得可控。

74.试着做一次：把自己的荣誉让给别人

这会帮助你放下你的"争心"，不再焦躁不安和盯着事情的结果。这也可以体现你的胸怀，争取获得同僚的认可，使你成为一个受欢迎和尊重的人，这将为你创造优良的工作、生活环境，减少焦虑的机会。

75.要理解幸福是什么，这对你很重要

如何理解幸福的定义，是我们是否能成功的关键。假如你没有总在想自己幸福与否，你就离幸福不远了。那些时常思考自己是否幸福的人，他们恰恰是不幸福的。

76.哪怕事情再怎么容易，也要做好失败的准备

比如做生意，就要做好亏钱或者赢钱的准备，以免对结果猝不及防。尤其是失败的准备，在做事情之前必须有详细的应对计划：一旦遇到了挫折，我该怎么办？有没有相应的解决办法？把困难想在前，等困难真的来了，才不会手足无措。

77.找到最适合自己的做事方法

一个人成功的速度，取决于他是否找到了最合适自己的做事方法，而不是他是否学到了别人用过的最好的经验。这是因为，每个人都有自己的特点，都是一个独立的思维体，面临着与其他任何人截然不同的境遇与复杂的情况。那么，应付它们的方法也必定是独一无二的，没有任何导师可以帮我们解决全部的问题，只有你自己可以。

78.轻松获胜的最好办法是"避免拒绝"

最好的竞争都是把对手变成队友，而不是总需要拒绝的对手。与人竞争不如与人合作。只有合作，才能控制市场；只有合作，才能垄断机会。一方面，你要首先选择竞争对手少的行业，然后让自己变得最强，这意味着你能够不战而胜；另一方面，当你遇到强大的敌人时，一定要想办法和它融为一体，共同发展，才能保证长久的胜利。

79.让自己变得不可或缺——使每个人都需要你

如果每个人都需要你，你还会是一个失败者吗？还需要拒绝吗？不会，你一定是非常成功的那个人。因此，这一原则告诉我们，必须扩大需求量——让越来越多的人依靠你活着，或者依赖你赚钱。

80.不要奢望一口吃成胖子

事实上，只要每天进步百分之一，不需要多久你就成功了。奉劝那些急于成功、急于成长的人，越是焦躁冒进，你失败的概率就越大。相反，越是具有充足的耐心，不急于一时，成功就来得越快。

81.不要活在功劳簿上

永远记住——过去不等于未来，昨天不等于明天。哪怕你已经取得了惊天地泣鬼神的成功，也只是意味着在过去的一段时间内，你是优秀的。但对于下一秒来说，你仍然需要从零开始。如果你活在功劳簿上，那么昨天的辉煌瞬间就成为了你前进的包袱。它对你的未来没有任何帮助，反而会变成沉重的压力——让你每走一步都感到疲惫不堪，直到把你彻底压垮。

82.最重要的道理：永不放弃追逐梦想

坚持下去，就等于成功，而半途放弃的人已失败了一半，哪怕减轻了心理负担，也已变得平庸。

83.做任何事，都要适当地顾及到他人的情绪

不管干什么，你都不能光看自己的情绪，还要顾及到他人的情绪与感受，特别是在妇幼与弱势群体面前，不要冲动与高傲，也不要展示你的地位。许多人总是喜欢情绪冲动，感情用事——体现在诸多热点新闻中，他们就没有顾及他人的情绪，不懂得尊重别人，最后反而为自己换回了"不尊重"。

84. 管好你自己的嘴巴

当你处于交际的环境中时，嘴巴就成为主要工具，它可以给你带来快乐，也有可能成为焦虑的根源。什么该说什么不该说，你的脑子里要有一个明确的标准，并且把它作为铁律来遵守，否则你控制不了自己的嘴巴，便控制不了自己的心灵。通常来讲，一群人中话说得最少的往往最不焦虑，因为越想表达，说明他

的情绪越不稳定。

85. 寻找你的"重要感"

如果你希望别人怎么对待你，你就要怎么去对待别人。每当你要做一项重要的决定时，可以试着去问三个人以上的意见，不论你的决定如何，至少你让对方觉得他很重要。这时，你自己的焦虑感也就没有了，因为你在互相沟通的过程中，也能强烈地体会到自己的重要。

86. 偶尔也要屈服一下

如果你出了工伤，只能靠轮椅行动。这对你无疑是重大的打击。而残疾的身体，往往使人变得浮躁、悲观。但是，浮躁、悲观是无济于事的。你不如冷静地承认发生的一切，放弃生活中已成为你负担的东西，终止不能取得的希望，并重新设计新的生活。大丈夫能屈能伸，只要不是原则问题，不必过分固执。

87. 不做传闲话的小人

多嘴和闲话都会为你招来仇恨和互相的猜忌，假如你是这样的一个人，朋友离开你，亲人也会疏远你。所以，别在生活中充当一个"嘴巴闲不住"的人，拒绝成为小广播，也不要相信别人在你跟前散播的不实消息。这只会给你增添无穷无尽的苦恼。

88. 把一些事情放一放，别去管!

如果不是特别要紧或重要的事情，那么索性放下它，不去管，告诉自己过几天再说。等到情绪好转时，你可能对此会有一个更清晰合理的认识，产生新的更美妙的灵感，那时想法就完全不一样了。

89. 从自己的过去寻找经验

当预感到紧张会出现时，你可在头脑中设想一下如何处理它，回想一下过去是怎样对付的，回想一下你所尊敬的人是如何处理的，就可以减少焦虑，避免碰钉子。

90. 别找借口，去找方法

方法总是比问题多，而且做事也一定需要方法。当你学会停止抱怨、尝试努力解决问题的时候，焦虑就离你远去了。生活中的困难无处不在，无人可以逃过。但因为有的人只知道找借口，这导致他们在困难来临时，首先想到的不是克服困难，而是去逃避。于是，困难在他们的眼中就变成了不可能战胜的东西。当问题摆在面前的时候，他们并不是去想如何解决，而是首先想到这件事情是否符合自己的习惯、符合自己的想法。如果不是，他们就编织各种非常蹩脚的理由来搪塞，这显然解决不了任何问题。只有先想方法，理性对待问题时，你才能在与焦虑的斗争中占据优势，迅速找到问题的突破口，而不是被它纠缠住。

91. 养成一次搞定的习惯

没错，必须尽可能地让每件事都一次搞定。因为发现问题再返工，往往得花比第一次多几倍的功夫来调整，折腾得你心烦意乱。所以在动手前想清楚，争取一次就把事情做好，不留后患。如此一来，你会收获越来越多的成就感，逐渐变得胸有成竹和洒脱自在起来。

92. 拥有行动力和坚持力。

行动力就是随时可以行动的力量，解决问题的效果；坚持力就是：无论遇到了什么样的阻力，你都可以坚定地朝着那个方向，始终不会动摇，也不会因此痛苦。

93. 每天问一问自己："我到底想要什么？"

遇到问题时，既不要逃避，也不要立马找别人倾诉。最好的办法是让自己安静下来，对着镜子开始一场与自我的对话。你要问问自己想要什么，确定一个真实的答案，然后再问问自己是否已准备好了，还差什么工作没有到位？每天重复一遍这个工作，你一定能找回你自己，而且充满信心。

94. 不要因为今天的一点点不顺心，就随便把今天输掉

你我都一样，别抱怨，也别难过，在这个世界上能有那么几个人懂你，就是无比幸运的事情了，而那个跟你无比契合的人，别着急，还在未来等着你呢。不要因为今天的一点点不顺心，就随便把今天输掉。

95. 学会在必要的时刻沉默

在被人误解时怎么办？不要争辩，选择沉默。这是最好的方法，也是最能体现自己态度的方法——你越是开口，越会让事情变得不可收拾。沉默应对，让事情恢复平静，让他们自己去思考、判断，最终会有一个让你满意的结果。

96. 给自己创造一个愉快的生活环境

生活环境是如此重要，它就像海水之于鱼的价值。把自己置于一个令你心旷神怡的环境中，可以缓解紧张的神经。平时在家时，可以放些音乐，熏香，并安装柔和的灯光。

97. 少一份虚荣就少一份嫉妒心。

虚荣心是一种扭曲了的自尊心。自尊心追求的是真实的荣誉，而虚荣心追求的是虚假的荣誉。对于嫉妒心理来说，它要面子，不愿意别人超过自己，以贬低别人来抬高自己，正是一种虚荣，一种空虚心理的需要。单纯的虚荣心与嫉妒心理相比，还是比较好克服的。而二者又紧密相连，相依为命。所以克服一份虚荣心就少一分嫉妒。

98. 不要封闭你自己

生活中痛苦总是难以避免的，在无法拒绝或没有拒绝的时候，不要怨天尤人，也不要封闭自己。比如，当手机的铃声响起时，你知道有人在关心你；当有人对你微笑的时候，你知道自己是被人接纳和欣赏的……当你感觉到这些的时

候，你的痛苦和悲伤也会减轻很多。

99.原来的想法并非不能放弃

遇到难遂人愿的情况，我们应有放弃原来想法的思想准备，转而去追求新的目标。当然，这不等于"见异思迁"。比如你去剧场听音乐会，你原先以为自己喜爱的歌唱家会参加演出，不料他因病不能演出，你当时会感到失望。如果你这时将期望的目光投向其他歌唱家，并尝试去欣赏他们的表演，你就会抛弃失望情绪，逐渐沉浸在艺术美的境地中，内心充满着欢悦。

100.不要希望别人和自己一样，不必强求一致

要学会适应对方，而不要希望去改变对方，也不要总是拒绝一切与自己不同的东西。还要和不同的人打交道。不要事先脑子里就有"这个人好"或"这个人坏"的想法，相信好人是大多数的，允许人与人之间存在差异。越是不敢或不想和人打交道，越是要多与人打交道。

图书在版编目（ＣＩＰ）数据

这些年，我吃的都是不懂拒绝的亏 / 周维丽著 . --
北京 : 同心出版社 , 2014.12
ISBN 978-7-5477-1414-0

Ⅰ . ①这… Ⅱ . ①周… Ⅲ . ①成功心理—通俗读物
Ⅳ . ① B848.4-49

中国版本图书馆 CIP 数据核字 (2014) 第 283430 号

这些年，我吃的都是不懂拒绝的亏

出版发行：同心出版社
地　　址：北京市东城区东单三条 8-16 号 东方广场东配楼四层
邮　　编：100005
电　　话：发行部：（010）65255876
　　　　　总编室：（010）65252135-8043
网　　址：www.beijingtongxin.com
印　　刷：东莞市信誉印刷有限公司
经　　销：各地新华书店
版　　次：2015 年 2 月第 1 版
　　　　　2015 年 2 月第 1 次印刷
开　　本：787 毫米 × 1092 毫米　1/16
印　　张：18
字　　数：220 千字
定　　价：34.80 元